# よく わかる！ 2級

# 機械保全

## 合格テキスト

### 機械系 学科

ウィン研究所 編著

弘文社

# まえがき

　仕事上必要とされる技能の習得レベルを国が評価する検定制度として，技能検定があります。技能検定には機械保全，建築大工など全部で 100 を超える職種の試験があり，試験（学科試験・実技試験）に合格すると技能士と称することができます。

　機械保全技能検定は，機械系保全作業，電気系保全作業，設備診断作業の 3 つに分かれており，本書は機械系保全作業の 2 級の学科試験に合格するためのテキストです。

　本書は，過去問を徹底的に分析し，試験合格に必要な内容をわかりやすく解説しているため，短期間で効率よく合格実力を身に付けることができます。

　本書を活用され，合格の栄冠を勝ち取られることを祈ってやみません。

著者

# 目　次

※本項記載の情報は変更される可能性もあります。詳しくは試験機関のウェブサイト等でご確認ください。

## ●等級区分

試験の難易度によって次の等級に分かれています。

| 特級 | 管理者・監督者が通常有するべき技能の程度 |
|---|---|
| 1級 | 上級技能者が通常有するべき技能の程度 |
| 2級 | 中級技能者が通常有するべき技能の程度 |
| 3級 | 初級技能者が通常有するべき技能の程度 |

## ●受検資格

検定職種に関する実務経験年数によって受検できる等級が異なり，原則として次のようになっています。

| 特級 | 1級合格後5年以上 |
|---|---|
| 1級 | 7年以上 |
| 2級 | 2年以上 |
| 3級 | 0年 |

## ●試験の方法

学科試験と実技試験の両方に合格する必要があります。なお，学科試験か実技試験のどちらか一方のみに合格した場合は，以降はその試験が免除されます（特級は5年の有効期限がある）。

## ●学科試験の試験日

年1回

## ●学科試験の出題形式・出題数・試験時間

学科試験の出題形式や試験時間などは次のようになっています。真偽法とは各記述について正しいか正しくないかを判断して答えるものです。基本的に，本書第1章〜第5章の内容が真偽法で出題され，本書第6章〜第12章の内容が多肢択一法で出題されています。

| | 出題形式 | 出題数 | 試験時間 |
|---|---|---|---|
| 1級・2級 | 真偽法 | 25問 | 100分 |
| | 多肢択一法 | 25問 | |

●**学科試験の合格基準**
　100点を満点として，原則として65点以上

●**お問い合わせ先**
　公益社団法人 日本プラントメンテナンス協会
　TEL　03-5288-5003
　https://www.jipm.or.jp/

　本書は，各項目のはじめに**学習のポイント**を示しています。どのようなことを学習するのかを明確につかむことで，学習の効率化がはかれます。

　**試験によく出る重要事項**で，試験問題を解くための知識をしっかり習得しましょう。わかりやすい表現を用い，図解を織り交ぜながら試験でねらわれる事項について解説しています。

　腕だめしとして**実戦問題**に挑戦しましょう。わからなかった部分や不安が残る部分は，試験によく出る重要事項に戻って復習しましょう。

　また，**索引**も充実させています。わからない用語を調べるときに非常に便利です。

　本書では，項目ごとに**重要度**を次のように３段階で表示しています。学習の目安として活用してください。

| 重要度★★★ | 重要度★★☆ | 重要度★☆☆ |
|---|---|---|
| かなりの頻度で出題され，重要度がきわめて高い項目 | 出題されることが多く，重要度が高い項目 | さほど多くは出題されないが，ある程度重要な項目 |

※本書は２級受検用として作成しておりますが，１級試験で問われた内容が２級試験で問われる場合もあるため，１級の内容を一部含んでいます。あらかじめご了承ください。

# 機械一般

第1章では，工作機械とそれ以外の機械の
種類や構造，機能などについて一般的な事
項を扱います。

# 1 工作機械

重要度★★★

**学習のポイント**
工作機械の種類や構造，機能などについてみていきます。

## 試験によく出る重要事項

　機械には，工作機械，化学機械，製鉄機械，鋳造機械，繊維機械，荷役機械，自動組立て機械などがあります。

　**工作機械**とは，主として金属の工作物を，切削・研削したり電気などのエネルギーを使って，必要な形状に作り上げる機械をいいます。

### 1 旋盤

　**旋盤**は，一般に円筒または円盤状の工作物を回転させて切削加工を行う機械です。旋盤で行う加工を**旋削**といい，外丸削り，面削り，テーパ削り，中ぐり，穴あけ，ねじ切りなどがあります。

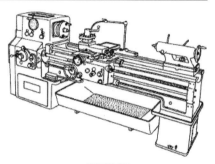

普通旋盤

●バイト

　旋盤では**バイト**という切削工具を用います。これはシャンクと呼ばれる台の先端に切れ刃をつけたものです。

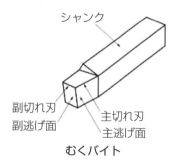

シャンク

副切れ刃
副逃げ面
主切れ刃
主逃げ面

むくバイト

| 構造による分類 | むくバイト | シャンクと切れ刃（チップ）が同じ材料で一体に作られたバイト。購入後は必要な形状に刃先を成形した上で使用する |
| | ろう付けバイト | シャンクに切れ刃をろう付けしたバイト。刃先を成形した上で使用する。付け刃バイトともいう |
| | スローアウェイバイト | 切れ刃とシャンクが取り外し可能なバイト |
| 刃の形状による分類 | 旋盤用バイト | 旋盤・中ぐり盤などで使用。回転運動により切削 |
| | 腰折れバイト | 形削り盤・平削り盤などで使用。直線運動により切削 |

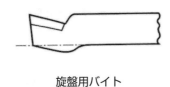

旋盤用バイト

腰折れバイト

## 2 ボール盤

**ボール盤**は，ドリルなどの切削工具を回転させて穴あけ，中ぐり，リーマ通し，座ぐり，タップ立て，ねじ立てなどの加工を行う工作機械です。

### ●ボール盤の種類

| 直立ボール盤 | 主軸（スピンドル）が垂直になっている立て形のボール盤。大きさは，振りまたはテーブルの大きさ，テーブルまたはベース上面から主軸端面までの距離，主軸穴のモールステーパ番号および穴あけできる最大直径などで表す |
| 多軸ボール盤 | 1つのドリルヘッド（主軸頭）に多数のドリルスピンドル（主軸）をもつ。同時に多数の穴あけができる |
| ラジアルボール盤 | 直立したコラム（柱）を中心に旋回できるアーム上を，主軸頭が水平に移動する。大型の工作物の加工に適する |

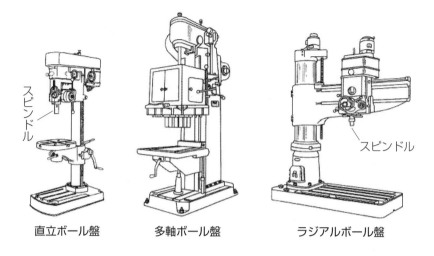

スピンドル

| 直立ボール盤 | 多軸ボール盤 | ラジアルボール盤 |

スピンドル

## ●テーパ

　主軸内にはドリルを取り付けるためのテーパ穴があり，テーパには次のような種類があります。**テーパ**とは，円錐状の先細りやその勾配をいいます。

| ブラウンシャープテーパ | 多くの種類がある。テーパ値＊は約 1/24。用途は研削盤の砥石軸など |
|---|---|
| モールステーパ | 少しずつテーパ値が異なる。テーパ値は約 1/20。用途は旋盤のセンタ，ボール盤の主軸穴など |
| ナショナルテーパ | アメリカフライス盤の標準テーパである。テーパ値は 7/24。用途はフライス盤の主軸など |

＊テーパ値 1/24 は，中心軸方向に 24mm 進むと，軸に垂直な円の直径が 1mm だけ小さくなるという勾配。

## 3 　中ぐり盤

　**中ぐり盤**は，既に開けられている穴をさらに大きくして，精確な寸法の穴に仕上げる中ぐり加工のための工作機械で，中ぐり用のバイトやボーリングバーを回転させて切削します。ドリル加工，フライス加工などもできます。

## ●中ぐり盤の種類

| 横中ぐり盤 | 直立したコラムに沿って上下運動する主軸頭をもち，主軸が水平の中ぐり盤。テーブル形，プレーナ形などがある |
|---|---|

| ジグ中ぐり盤 | 工作物に対する主軸の位置を高精度に位置決めする装置を備え，主としてジグ（補助工具）の穴あけや中ぐりを行う中ぐり盤 |
|---|---|
| 精密中ぐり盤 | 穴の内面を，切り込み・送りを小さくして高精度かつ高速度に加工する中ぐり盤 |

## 4　フライス盤

　**フライス盤**は，主軸に取り付けたフライスという切削工具を回転させて，平面・曲面・溝・ねじ・歯車などを削り出す工作機械で，フライスには正面フライス，エンドミル，溝フライスなどがあります。軽合金・アルミニウムなどを削る場合，切りくずの排出をよくするために刃数の少ないフライスを選びます。

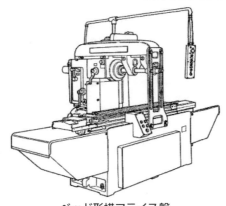

ベッド形横フライス盤

### ●フライス盤の種類

| ひざ形 | コラムに沿って上下するニーをもち，テーブルはニーの上にサドルを介して載り，前後左右に運動する |
|---|---|
| 横フライス盤 | 主軸が水平のもの。軽切削用・小型部品に適する |
| 立てフライス盤 | 主軸が垂直のもの。主軸頭が旋回や上下の運動をするものもある。重切削用，平面・溝削りに適する |
| 万能フライス盤 | テーブルが傾けられ，多様な加工ができる |
| ベッド形 | テーブルを直接ベッドに載せる。ひざ形より剛性に富む。多量生産の加工に適する。ベッド形にも横フライス盤と立てフライス盤がある |
| 平削り形 | プラノミラー，ロータリフライス盤など |

| 特殊形 | ねじ切り，ならい，カムなど各種フライス盤 |
|---|---|

**●フライス盤の切削方向**

| | 上向き削り（アップカット） | 下向き削り（ダウンカット） |
|---|---|---|
| | | |
| 長所 | ●切りくずが切れ刃の妨げにならない<br>●送りのバックラッシ（歯車などのすき間）がない<br>●工作物を上に押し上げる力が働く | ●工作物の取り付けが簡単<br>●薄物などの面削りに適する<br>●摩擦が小さく，工具の寿命が長い<br>●削り面が滑らか |
| 短所 | ●摩擦が大きく，工具の寿命が短い<br>●切り込み時に刃先が滑る<br>●削り面が汚い | ●切りくずが刃先の間に入って切削の妨げになる<br>●**バックラッシ除去装置**が必要 |

**●フライス盤の大きさ**

　フライス盤の大きさは，テーブルの大きさ，テーブルの移動量，主軸中心線からテーブル面までの最大距離で表します。また，0番が最小で番号が大きいほど大きいです。

## 5 研削盤

　研削盤は，砥石車（**研削砥石**）を高速回転させて研削を行う工作機械で，グラインダともいいます。加工精度が良く，切削加工より優れた仕上げ面が得られます（仕上げ面粗さは 2 ～ 5μm 程度）。

**●研削盤の種類**

| 円筒研削盤 | 円筒形工作物の外面を研削する研削盤。主軸台，心押し台，ベッド，テーブル，砥石台などからなる。テーブルを固定し，砥石台の切り込み運動だけで加工する**プランジカット方式**と，テーブルを左右に移動させて切り込みを入れる**トラバースカット方式**がある |
|---|---|

| | |
|---|---|
| 万能研削盤 | 砥石台と主軸台が水平面内で旋回できる円筒研削盤。穴の内面の研削も可能 |
| 内面研削盤 | 工作物の穴の内面を研削する研削盤 |
| 平面研削盤 | 工作物の平面を研削する研削盤 |
| 両頭グラインダ | 2つの砥石を向き合わせて回転させ，その砥石の間に工作物を通す平面研削盤。砥石を取り付けるねじは，左側が左ねじで右側が右ねじ |

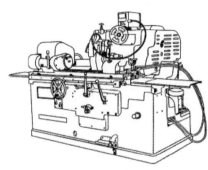

円筒研削盤

## ●研削砥石

研削作業に用いる回転工具で，切れ刃となり工作物表面を削る**砥粒**，砥粒どうしを結合・保持する**結合剤**，切りくずを取り除くためのすき間である**気孔**の3要素から構成されています。

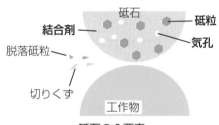

砥石の3要素

砥石の**粒度**は，砥石の砥粒の大きさを表すもので，#150のように表し，#の後の番号が大きいほど砥粒径・粒度が小さく（目が細かく）なります。砥粒には，鋼類の研削に用いる**A砥粒**や鋳鉄類の研削に用いる**C砥粒**などがあります。硬い材質の工作物には，結合度の低いものを用います。

## 6 表面仕上げ機械

表面仕上げ機械は，切削や研削では得られない高精度の仕上げ面を得るのに用います。

● 表面仕上げ機械の種類

| ホーニング盤 | ホーニング加工を行う工作機械。外周に数個の棒状砥石がついた**ホーン**という工具に，回転と往復運動を与えながら工作物の穴の内面を研磨し，精密に仕上げる。外面形・平面形もある。仕上がり面は網目模様状 |
|---|---|
| ラップ盤 | ラッピング加工を行う工作機械。砥粒としてラップ剤（研磨剤）を，ラップという工具と工作物の間に入れ，すり合わせて滑り動かし，工作物表面を滑らかに仕上げる。仕上がり面に光沢がある**乾式法**と，光沢のない**湿式法**がある |

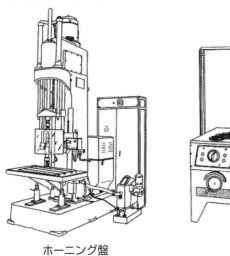

ホーニング盤

ラップ盤

# 7 歯切り盤と歯車仕上げ盤

●歯切り盤

歯切り工具を使用し，歯切り（歯車の歯形を削り出す作業）を精度よく行う工作機械です。

| ホブ盤 | ホブという歯切り工具を用いて歯車を作り出す歯切り盤。主軸頭に固定したホブと割り出し軸に固定した工作物に，回転運動を与えて加工を行う |
|---|---|
| 歯車形削り盤 | ピニオンカッタやラックカッタを用いて歯車を作り出す歯切り盤 |

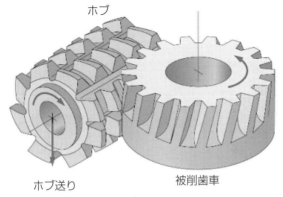

ホブ

ホブ送り

被削歯車

ホブ加工

●歯車仕上げ盤

歯切りされた歯車の歯面を高精度に仕上げるための工作機械です。

| 歯車シェービング盤 | シェービングカッタを，歯切りされた歯車と噛み合わせて回転させて歯面を仕上げる歯車仕上げ盤 |
|---|---|
| 歯車ホーニング盤 | ホーニング砥石により歯形を仕上げる |
| 歯車研削盤 | ラック形・皿形など専用の砥石を用いる |

## 8 形削り盤・立て削り盤・平削り盤

| 形削り盤<br>（かたけず） | 本体であるフレーム上部の案内面に沿って往復運動するラムに取り付けた工具で，主に金属工作物の比較的小さい平面や溝を削り出す工作機械。シェーパともいう。ねじ切りはできない。削り行程に比べて戻り行程の速度を高めることで，作業にかかる時間の短縮ができる早戻り機構がある |
|---|---|
| 立て削り盤<br>（たてけず） | 上下方向に直線往復運動を行うラムにバイトを取り付け，工作物の垂直面を切削する工作機械。スロッタともいう。工作物内面のキー溝など狭い平面の切削に用いる。上下運動のためにバランスウエイトがついている。早戻り機構がある |
| 平削り盤<br>（ひらけず） | 水平往復運動をする台に工作物を固定し，それとは直角の方向にバイトを間欠的に送り，平面削りを行う工作機械。プレーナともいう。門形・片持ち形がある。早戻り機構がある |

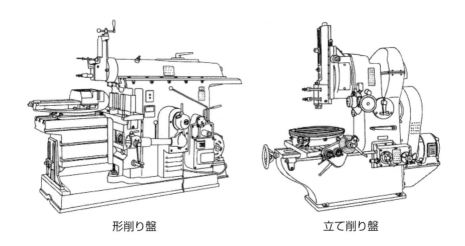

形削り盤 　　　　　　　　　　　立て削り盤

## 9 ブローチ盤

　ブローチ盤は，多数の刃が順次寸法を増しながらついた棒状の切削工具（ブローチ）を用いて，工作物の表面や穴の内面にさまざまな形状の加工を行う工作機械です。穴の大量生産に向きます。

　ブローチを水平方向に動かし，大型工作物の加工に適する**横ブローチ盤**や，ブローチを垂直方向に動かし，小型工作物の加工に適する**立てブローチ盤**などがあります。

## 10 切断機

　**切断機**は，素材などを必要な寸法・形状に切断するための工作機械です。

### ●切断機の種類

| | |
|---|---|
| 金切りのこ盤 | のこを用いて金属材料を切断する機械。のこの種類によって弓のこ盤，帯のこ盤，丸のこ盤がある |
| 砥石切断機 | 砥石車を用いてパイプ（管）などを切断する機械 |
| スライシングマシン | 砥石車を用いて極薄切断などを行う機械 |

## 11 放電加工機

　**放電加工機**は，工作物と電極の間の放電現象を利用して除去加工を行う工作機械です。

　放電加工とは，電気絶縁性の加工液中で工具を電極として工作物との間に**アーク放電**（火花放電）を発生させ，工作物表面を溶融・除去する加工法です（電極と工作物は接触させない）。工作物には導電性が必要です。工作物の硬さに関係なく加工できます。

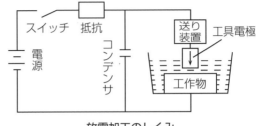

放電加工のしくみ

放電加工機についてはよく出題されています

### ●放電加工機の種類

| | |
|---|---|
| ワイヤ放電加工機 | 放電加工機の電極に細いワイヤ線を使用したもので，垂直に張られたワイヤ電極と金属加工物の間を，目的の形状に移動させながら放電現象を発生させ，工作物を糸のこぎりで切り抜くように加工する。材料は主に板状のもの。ワイヤカット放電加工機ともいう |
| 形彫り放電加工機 | 電極の形を工作物に転写する方法を用いる。金型などの製作に適する |

## 12 数値制御工作機械

　数値制御工作機械は，NC（Numerical Control：数値制御）を利用した工作機械で，あらかじめプログラムされたとおりに動く工具により，精度が高く複雑な加工もできます。次に掲げるものの他に NC 旋盤，NC ボール盤などがあります。

●数値制御工作機械の種類

| マシニングセンタ | 主として回転工具を用い，フライス削り，中ぐり，穴あけ，ねじ立てを含む複数の切削加工ができ，かつ加工プログラムに従って工具を自動交換できる装置（**ATC**）を備えた機械。構造により横形・立て形・門形などの種類がある。一般的な3軸マシニングセンタの他に，3次元自由曲面の加工ができる5軸マシニングセンタもある |
|---|---|
| ターニングセンタ | NC旋盤にフライス盤の機能の一部を組み入れたもの。旋削の他に，回転工具による平面，穴，溝，ねじ立て加工などができる |

## 13 特殊加工機械

| レーザ加工機 | レーザビームを被加工物表面に照射し，切断・穴あけ・溶接などを行う機械 |
|---|---|
| 電解加工機 | 電気分解を利用して除去加工する機械。工作物を陽極，工具を陰極として電解液中で通電し，両極の間の電気分解により工作物を溶かし，陰極と同じ形に加工する |
| ウォータジェット切断機 | ウォータジェットにより工作物を切断する機械。超高圧に加圧された水を超高速で工作物に噴射して切断する。水に砥粒を混入して切断能力を高めたものをアブレシブウォータジェット加工機という |
| 超音波加工機 | 工作物と超音波で振動する工具との間に，砥粒と加工液を入れ，工具を工作物に押し付けながら除去加工する機械 |

## 実戦問題

次の各記述について，正しいものには○，誤っているものには×をつけなさい。

1 放電加工機では，工作物が電気の絶縁体である場合でも加工できる。

2 砥石の粒子の大きさ（粒度）は，メッシュ番号で表され，メッシュ番号が大きいほど粒度は小さくなる。

3 NC（数値制御）工作機械は，あらかじめプログラムされたとおりに動く切削工具によって，複雑な形状の加工ができ，精度も高い。

4 フライス盤は，一般に工作物を回転させて加工する工作機械である。

5 円筒研削盤の研削方式の1つに，テーブルを左右に移動させながら切り込みを入れるプランジカット方式がある。

---------------- 実戦問題 解説 ----------------

1 放電加工機では，工作物は導電性である必要があります。

2 記述のとおりです。

3 記述のとおりです。

4 フライス盤は，一般に工具を回転させて加工する工作機械です。

5 テーブルを左右に移動させながら切り込みを入れる方式は，トラバースカット方式です。

実戦問題 解答●1 × 2 ○ 3 ○ 4 × 5 ×

# 2 その他の機械 重要度★★☆

## 試験によく出る重要事項

生産に関わる機械には，工作機械の他に次のようなものがあります。

## 1 ポンプ

**ポンプ**は，原動機から機械的エネルギーを受け取って，液体を吸い込み，液体にエネルギーを与えて高いところへ上げたり，遠いところへ圧送したりする機械です。ポンプが水を上げる高さを揚程といいます。

### ●ポンプの種類

| | |
|---|---|
| **渦巻きポンプ**（うずま） | 液体で満たされた渦巻き型のケーシング（容器）内で羽根車（インペラ）を回転させ，液体に作用する遠心力により下の液槽から液体を吸い上げ，上の液槽に押し上げるポンプ。揚程を高めるために羽根車を重ねたものを**多段式**という。吐き出し量を高めるには，羽根車の回転数を上げる |
| **タービンポンプ** | 羽根車の外側に設けられた案内羽根により，羽根車から流出する高速の水の運動エネルギーを圧力エネルギーに変換する。渦巻きポンプよりも高揚程に対応する。羽根車への異物の付着，有効吸込み揚程（NPSH）の不足などが，吐き出し流量不足につながる。軸受部の潤滑油不足は騒音振動につながる |
| **往復動ポンプ** | シリンダ内をピストンやプランジャ（棒型ピストン）が往復運動をして内部の弁が開閉し，液体を吸い上げたり高所へ押し上げるポンプ。吐き出し量を調整するには，回転数やストロークを変える。往復運動による脈動が見られる。ピストンポンプ，プランジャポンプなどがある |
| **軸流ポンプ**（じくりゅう） | 船のスクリュに似た形の羽根車の回転により軸方向に流体を送り出すポンプ。渦巻きポンプに比べて小型。大容量に適する。プロペラポンプともいう |
| **ギヤポンプ** | ケーシングの内面に密に接した2個の歯車を回転させて液体を移動させる方式のポンプ。軽量で構造が簡単。液体が逆流しにくいため弁が不要で，脈動がない。歯車ポンプともいう |

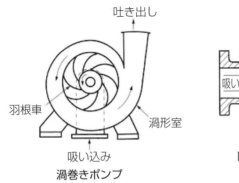

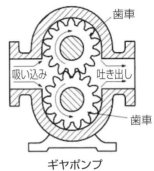

| | |
|---|---|
| 渦巻きポンプ | ギヤポンプ |

吐き出し
羽根車
渦形室
吸い込み

歯車
吸い込み　吐き出し
歯車

## 2　荷役機械

　荷物の積みおろしや移動に使われる機械を荷役機械といい，クレーンやコンベヤなどがあります。

### ●荷役機械の種類

| | |
|---|---|
| クレーン | 重量物をつり上げ，水平または垂直方向へ移動させる機械。建物の天井に設けたレールに沿って移動する天井クレーンや，コンテナ船の荷役などで使用されるコンテナクレーンなどがある。天井クレーンは，日常点検がクレーン等安全規則で定められている |
| コンベヤ | 荷物を連続的に運搬する機械。動くベルトを使用し，その上に荷物を載せて搬送するベルトコンベヤや，動くチェーンを利用したチェーンコンベヤなどがある |

## 3　ファクトリ・オートメーション関連

　ファクトリ・オートメーション（工場の自動化）に関連する用語には次のようなものがあります。

| | |
|---|---|
| 立体自動倉庫 | スタッカクレーン（コンピュータ制御で自走する無人クレーン）により荷物を入庫・出庫するシステム。自動立体倉庫ともいう |
| 産業用ロボット | 自動制御され，再プログラム可能で多目的なマニピュレータであり，3軸以上でプログラム可能で1箇所に固定してまたは移動機能をもって，産業自動化の用途に用いるロボット。組立て，溶接，搬送，検査，塗装，洗浄など多様な用途がある |

| FMC | 数値制御機械にストッカ，自動供給装置，着脱装置などを備え，長時間無人に近い状態で複数種の工作物が加工できる多機能工作機械。フレキシブル生産セルともいう |
|---|---|
| CIM | 生産に関わるすべての情報をコンピュータ・ネットワークやデータベースを用いて統括的に制御・管理することにより，生産活動の最適化を図るシステム。コンピュータ統合生産ともいう |

## 4 自動組立て機械

　自動組立て機械は，組立て作業を人間に代わって機械が行うもので，組立て機械本体，産業用ロボット，マニピュレータ（腕の働きをする装置）などから構成されます。組立て作業では，規定の部品をつかんで移動したり，規定の位置に置き固定するといった動作が基本となっています。

## 5 繊維機械

　繊維機械とは，繊維や繊維製品を作る機械で，扱う素材によって天然繊維機械と化学繊維機械に大きく分けられます。機種には次のようなものがあります。

●粗紡機　　　　　●精紡機　　　　　●織機
●メリヤス編機　　●染色機

## 6 化学機械

　化学機械は化学工業で使われる機械で，次のようなものがあります。

●撹拌機　　●混合機　　●粉砕機　　●分離機　　●ろ過機
●蒸発器　　●蒸留器　　●熱交換器

## 7 製鉄機械

　製鉄機械とは，鉄鋼製品を作るために直接使われる機械で，次のようなものがあります。

●製鋼機械　　　　●製銑機械　　　　●連続鋳造設備
●圧延機械　　　　●製管機械

## 8 熱機関

　熱機関とは，熱エネルギーを機械的エネルギーに変換する原動機をいい，内燃機関と外燃機関に大きく分けられます。

| 内燃機関 | 燃料の燃焼が機関の内部で行われる。ガソリンエンジン，ディーゼルエンジン，ガスタービンなど |
|---|---|
| 外燃機関 | 燃料の燃焼が機関の外部で行われる。蒸気機関，蒸気タービン，スターリングエンジンなど |

## 9 洗浄機器

| 超音波洗浄機 | 超音波を用いて洗浄する機器。超音波を発生させ，微細な泡の発生と破裂（**キャビテーション**）に伴うエネルギーにより汚れを落とすもので，泡が破裂すると物体の表面から汚れが浮き上がる。精密部品などの微細な洗浄をするときは，超音波の周波数を上げる。工業用の洗浄剤には純水や有機溶剤などが用いられる |
|---|---|
| 高圧洗浄機 | 水を高圧ポンプにより高圧で噴射することで汚れを除去する機器。ウォータジェットともいう |

次の各記述について，正しいものには○，誤っているものには×をつけなさい。

1 自動立体倉庫では，作業員が専用のロボットを操作して，運搬や入庫・出庫を行っている。

2 超音波洗浄機は，超音波を発生させ，微細な泡の発生と破裂に伴うエネルギーにより汚れを落とすもので，精密部品などの微細な洗浄を行うときは，超音波の周波数を高くするとよい。

3 タービンポンプは，渦巻きポンプとも呼ばれる。

4 多段渦巻きポンプからの流体の吐き出し量は，ポンプの段数に比例する。

5 日本産業規格（JIS）によれば，産業用ロボットとは，自動制御され，再プログラム可能で多目的なマニピュレータであり，3軸以上でプログラム可能で1箇所に固定してまたは移動機能をもって，産業自動化の用途に用いられるロボットである。

——————————————— 実戦問題 解説 ———————————————

1 自動立体倉庫は，人がロボットを操作して作業をするものではありません。

2 記述のとおりです。

3 タービンポンプと渦巻きポンプは，別のものです。

4 吐き出し量は，羽根車の回転数に比例します。

5 記述のとおりです。

実戦問題 解答● 1 × 2 ○ 3 × 4 × 5 ○

# 電気一般

第2章では，電気や電動機，電気制御装置
などについて一般的な事項を扱います。

**1** 電気の基礎
**2** 電気機械器具
**3** 電気制御装置

# 1 電気の基礎

重要度 ★★★

> **学習のポイント**
> 電流，電圧，抵抗など電気に関する基本的な知識についてみていきます。

## 1 電流と電圧

　例えば水流が，水位の高いほうから低いほうへ流れるのと同じように，**電流**（電気の流れ）は電位の高いほう（陽極）から電位の低いほう（陰極）へ流れます。

　電位の差（電位差）を**電圧**といい，これは水の場合の水圧に相当します。水圧が高ければ水流が強いように，電圧が高ければ電流を流す力が大きくなります。

　　電気の流れを水の流れに置き換えると
　　イメージしやすいですね

## 2 電気回路とオームの法則

　電流を流したり電圧を加えるもとを**電源**といい，発電機や電池などがあります。導体（電気伝導体）を環状にした電流の通路を**電気回路**といいます。

電池と電球の接続　　　　　　　　　電気回路図

### ●オームの法則

　一定の導体に流れる電流 $I$ は電圧 $V$ に比例し，抵抗 $R$ に反比例します。これを**オームの法則**といいます。

$$V\,[\text{V}] = R\,[\Omega] \times I\,[\text{A}]$$

**抵抗**とは，電流の流れにくさを表す量のことで，電気抵抗ともいいます。

### ●導体の抵抗

　導体の抵抗 $R$ は，その長さ $L$ に比例し，断面積 $A$ に反比例します。

$$R[\Omega] = \rho[\Omega \cdot m] \times \frac{L[m]}{A[m^2]}$$

$\underset{ロー}{\rho}$は導体の抵抗率（導体固有抵抗）を表し，温度上昇とともに上昇します。

## 3 抵抗の合成

2つ以上の抵抗を合わせて1つの抵抗に置き換えることを**抵抗の合成**といい，こうして求めた抵抗を**合成抵抗**といいます。

●**直列接続**

抵抗をまっすぐ1列に接続することを
**直列接続**といい，この場合の合成抵抗
$R_0$は，

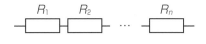

$$R_0 = R_1 + R_2 + \cdots + R_n[\Omega]$$

●**並列接続**

抵抗を複数列に接続することを**並列接続**といい，この
場合の合成抵抗 $R_0$ は，

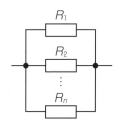

$$R_0 = \cfrac{1}{\cfrac{1}{R_1} + \cfrac{1}{R_2} + \cdots + \cfrac{1}{R_n}}[\Omega]$$

## 4 直流と交流

電流には直流と交流があります。**直流**は電流の向きや大きさ（電圧）が一定な電流です（図 a）。

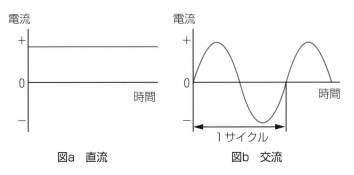

図a 直流　　　　　　　図b 交流

**交流**は時間とともに電流の向きや大きさが周期的に変化する電流です（図 b）。交流は通常，正弦波曲線を描くので**正弦波交流**ともいいます。1サイクルに要する時間を**周期**といい，単位は秒（s）です。1秒間のサイクル数を**周波**

数といい，単位は Hz（＝ s⁻¹）です。周波数 $f$ と周期 $T$ の関係は次のようになります。

$$f=\frac{1}{T}$$

## ●単相交流と三相交流

1種類の電気を2本の電線で送る交流を**単相交流**，3種類の電気を周期をずらして3本の電線で送る交流を**三相交流**といいます。なお，三相交流電源で回転する電動機を，三相誘導電動機といいます。

## ●実効値

交流は電流や電圧が周期的に変化しているため，それを直流に換算した場合の値を**実効値**といいます。正弦波交流の場合，次のようになります。

$$実効値＝\frac{最大値}{\sqrt{2}}≒最大値×0.707$$

## ●コンデンサ

2枚の金属板の間に誘電体（直流は通さず，交流は通す物質）をはさんだ電子部品で，電気を蓄えることができます。コンデンサは直流を通さず，交流を通す性質をもちます。

# 5 電力と熱量

## ●電力

電流が単位時間にする仕事を消費電力（**電力**）といい，単位は W です。直流の場合，電力 $P$［W］は電圧 $V$［V］と電流 $I$［A］の積で表されます。

$$P=V・I$$

## ●電力量

電流がする仕事の量を**電力量**といい，単位は W・s（＝ J）などです。電力量 $W$［W・s］は電力 $P$［W］と時間 $t$［s］の積で表されます。

$$W=P・t$$

## ●発生熱量

熱をエネルギーの量として表したものを**熱量**といいます。抵抗 $R$［Ω］の導線に電圧 $V$［V］を加え，電流 $I$［A］を $t$ 秒間流したとき，発生する熱量 $Q$［J］は，次のようになります。

$$Q=VIt=I^2Rt$$

## 6 交流の力率と電力

時間に対する波の位置を**位相**といいます。交流では電圧と電流の間に位相の差（**位相差**）ができます。

交流回路での電圧と電流の単純な積で表される電力を**皮相電力**といいます。皮相電力のうち，有効に働いて実際に消費される電力を**有効電力**といい，負荷と電源を往復するだけで消費されない電力を**無効電力**といいます（交流で単に電力といった場合，一般に有効電力を指す）。

### ●力率

交流の有効電力 $P$ は，電圧を $V$，電流を $I$ として次式で表されます。

$$P = VI \cos \theta$$

ここで，$\cos \theta$ は**力率**といい，有効電力と皮相電力の比を表します（$\theta$ は電流と電圧の位相差を表すもので，力率角という）。

$$力率 = \frac{有効電力}{皮相電力}$$

### ●三相交流回路の電力

図のように，電源と負荷を結ぶ電線と電線の間の電圧を**線間電圧**，電線を流れる電流を**線電流**といい，1相の電圧を**相電圧**，1相に流れる電流を**相電流**といいます。

三相交流における負荷の結線方法には，Y結線（スター結線）とΔ結線（デルタ結線）がありますが，線間電圧を $V_L$，線電流を $I_L$，負荷の力率を $\cos \theta$ とすると，電力 $P$ は結線方法に関係なく次式で表されます。

$$P = \sqrt{3} \, V_L \cdot I_L \cos \theta$$

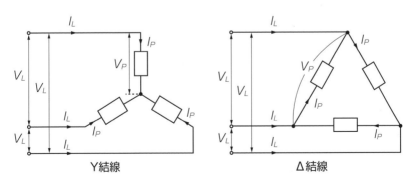

Y結線　　　Δ結線

また相電圧を $V_P$，相電流を $I_P$ とすると，Y結線の場合に $V_L = \sqrt{3} \, V_P$，$I_L$

$= I_P$ が，Δ結線の場合に $V_L = V_P$，$I_L = \sqrt{3}\ I_P$ が成り立ちます。

## 7 フレミングの法則

| フレミングの左手の法則 | フレミングの右手の法則 |
|---|---|
| 磁界の中に置いた導体に電流を流すと，その導体を動かそうとする力（電磁力）が働く。このとき電磁力・磁界・電流の向きは次図のようになる。これをフレミングの左手の法則という。**電動機（モータ）** などの基本原理。電気的エネルギーを機械的エネルギーに変換。磁界・電流のどちらかの向きを逆にすると，電磁力の向きも逆になる | 磁界の中を導体が移動すると，その導体には起電力（電流を流す力）が発生する。このとき起電力・磁界・移動の向きは次図のようになる。これをフレミングの右手の法則という。**発電機** などの基本原理。機械的エネルギーを電気的エネルギーに変換 |
| 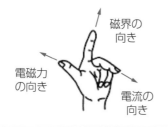 |  |

## 8 ソレノイド

　**ソレノイド**は，導線をらせん状に巻いた円筒状のコイルで，電磁力を利用して電気的エネルギーを機械的エネルギーに変換する部品です。ソレノイドもフレミングの左手の法則に基づいています。

　導線に電流を流したときに発生する電磁力によって，吸引力が生じます。ソレノイドの吸引力は回路に流れる電流の2乗に比例します。また直流（DC）の場合，吸引力は電圧の2乗に比例します。交流（AC）の場合，周波数が大きくなると，電流や吸引力は減少します。

## 9 関連する用語

　電線と電線を接続した部分や，スイッチの接触点に生じる抵抗を**接触抵抗**といい，大地に埋設した接地電極と大地との間の抵抗を**接地抵抗**といいます。

## 実戦問題

**次の各記述について，正しいものには○，誤っているものには×をつけなさい。**

1 右図の回路で，$R_1$ の抵抗値が 12 Ω のときに，直流電流計 Ⓐが 2A を，直流電圧計Ⓥが 12V を示した。このときの $R_2$ の抵抗値は 6 Ω である。

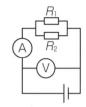

2 導体における電気抵抗は，導体の長さに比例し，断面積に反比例する。

3 直流電圧が 100V，抵抗が 20 Ω のとき，流れる電流は 5A である。

4 力率は，電流と電圧の位相差を$\theta$とすると，$\sin \theta$ で表される。

5 電動機（モータ）の動作原理は，フレミングの右手の法則を利用したものである。

## 実戦問題 解説

1 抵抗 $R_1$，$R_2$ が並列接続されている場合の合成抵抗 $R_0$ は，

$$R_0 = \cfrac{1}{\cfrac{1}{R_1} + \cfrac{1}{R_2}} \ [\Omega]$$

…①

また，オームの法則より，

$$12[V] = R_0[\ \Omega\ ] \times 2[A]$$

…②

式①②と $R_1 = 12\ [\Omega]$ より，$R_2 = 12\ [\Omega]$

2 記述のとおりです。

3 オームの法則より，

$$電流 = \frac{電圧}{抵抗} = \frac{100}{20} = 5[A]$$

4 力率は，電流と電圧の位相差を$\theta$とすると，$\cos \theta$ で表されます。

5 電動機の動作原理は，フレミングの左手の法則を利用したものです。

**実戦問題 解答●** 1 × 2 ○ 3 ○ 4 × 5 ×

# 2 電気機械器具

重要度★★☆

> **学習のポイント**
> 電動機の種類・使用方法や，その他の電気機械器具の特徴などについてみ
> ていきます。

## 試験によく出る重要事項

### 1 電動機とその種類

　**電動機**は，電気的エネルギー（電力）を機械的エネルギー（仕事）に変換する装置で，モータともいいます。これは直流電動機と交流電動機に大きく分けられます。電動機の漏電を検査するときは，絶縁抵抗を調べます。

●電動機の種類

| 直流電動機 | 直流電流による磁界と電流の作用を利用した電動機。**DC モータ**ともいう。回転するコイル（電機子）と，固定された磁石が内蔵されている。磁石が作る磁界の中に置かれたコイルに電流が流れると，導体に電磁力が働き，この力によって電動機が回転する<br>**ブラシと整流子**　電磁力の向きが一定では，途中で回転が止まるので，ブラシと整流子という部品を用いる。これにより，電流と電磁力の方向が切り替わり，回転が継続する |
|---|---|
| 交流電動機 | 交流電源に接続して運転される電動機。**AC モータ**ともいう。交流電動機には誘導電動機・同期電動機・整流子電動機などがある。産業用では**誘導電動機**が最も一般的で，中でも三相誘導電動機が大半を占める |
| 誘導電動機 | 電磁誘導を利用した電動機。単相電源により運転する単相誘導電動機や，三相電源により運転する三相誘導電動機がある。三相誘導電動機では，固定子に三相電流が流れると，位相差のために回転磁界が生じて回転子に誘導電圧が起こり，それがトルク（回転力）を生み，電動機が回転する |

### 2 電動機の回転方向の変更

電動機の回転の方向を変える方法は，次のようになります。

| 直流電動機 | 磁極か電機子回路（回転する導体）のどちらかの極を逆にすると，回転方向も逆になる |
|---|---|

| 三相誘導電動機 | 三相のうちどれか二相の接続をつなぎ替えると，逆回転する |
|---|---|

# 3　誘導電動機の回転速度

## ●回転速度

　回転速度（回転数）とは単位時間あたりに回転する回数をいい，同期速度とは回転磁界（方向が回転する磁界）の回転速度をいいます。回転速度は同期速度よりも少し遅く，この遅くなる割合を滑りといいます。

　誘導電動機において回転速度 $N$ [min$^{-1}$] は，電源周波数を $f$ [Hz]，極数を $p$，滑りを $s$ とすると，次式で表されます。

$$N=\frac{120f}{p}(1-s)$$

## ● 50Hz と 60Hz

| 50Hz の電動機を 60Hz で用いる場合 | 60Hz の電動機を 50Hz で用いる場合 |
|---|---|
| ●回転速度は周波数に比例して 1.2 倍になる<br>●トルクは周波数に反比例して 5/6 倍に落ちる<br>●力率が高くなり，効率が向上する | ●回転数が 5/6 倍に落ちる<br>●トルクは 1.2 倍になる<br>●力率・効率が低下し，過負荷運転となり異常発熱の原因となる |

# 4　三相誘導電動機

## ●三相誘導電動機の始動方法

　三相誘導電動機は，始動時に大きな電流が流れるので，始動電流を抑える方法を選ぶ必要があります。三相誘導電動機の始動方法は次のとおりです。減電圧始動とは，定格電圧より低い電圧で始動する方法で，始動時間は全電圧始動より長くなります。

| 電動機 | 始動方法 | | 内容 |
|---|---|---|---|
| かご形 | 全電圧始動 | | 全電圧を印加して始動する。始動時間が短いが，始動ショックは大きい。3.7kW 以下の小容量の電動機に用いる。直入れ始動ともいう |
| | 減電圧 | スターデルタ（Y－Δ）始動 | 固定巻線を Y 結線にして始動し，加速後にΔ結線に切り替える。始動時の電流・トルクとも全電圧始動の 1/3 になる。10kW〜15kW 程度の電動機に用いる。減電圧始動の中で最も設備費が安価 |

| | | | |
|---|---|---|---|
| 圧始動 | 補償器始動 | | 始動補償器を用い，定格電圧の 40 ～ 80%の電圧で始動し，始動後に全電圧がかかるようにする。15kW 以上の電動機で用いられる。コンドルファ始動ともいう |
| 巻線形 | 二次抵抗始動 | | 二次側抵抗を最大にして始動し，徐々に小さくする。トルクの比例推移を利用して，高いトルクが得られる。この方式では始動条件の改善に加えて，速度制御も行える |

●三相誘導電動機の速度制御

　三相誘導電動機は，**インバータ**を用いて，加える電源の周波数を変えることで連続的な速度制御ができます。なお，インバータは直流を交流に変換する装置です。

インバータについては
よく出題されています

## 5 誘導電動機の制動

　**制動**とは，運動を急に止めたり速力を落としたりすること（ブレーキをかけること）です。次のような種類があります。

| 逆相制動 | 三相誘導電動機の一次側の 2 つの端子を入れ替えて回転子に逆トルクをかけて制動する。プラッギングともいう |
|---|---|
| 回生制動 | 電動機を発電機として作動させ，運動エネルギーを電気エネルギーに変換することで制動をかける |
| 発電制動 | 電動機を電源から切り離して発電機として作動させ，端子間につないだ抵抗に熱エネルギーとして消費させる |

## 6 遮断器・開閉器・断路器

| 配線用遮断器 | 通常の負荷電流を開閉する他，過電流・短絡電流が流れたときに回路を自動的に遮断する装置。ブレーカともいう |
|---|---|
| 漏電遮断器 | 地絡電流（漏電電流）を検出したときに回路を自動的に遮断する装置 |
| 交流電磁開閉器 | 電磁石により開閉を行う開閉器で，熱動式過負荷継電器（サーマルリレー）と組み合わせて用いられる。マグネットスイッチともいう |

| 断路器 | 無負荷（回路に電流が流れていない）状態で回路を開閉する機器。電路の切り換え・切り離しなどのために用いる。通常の負荷電流は開閉できない。ジスコンともいう |
|---|---|

## 実戦問題

**次の各記述について，正しいものには○，誤っているものには×をつけなさい。**

1 三相誘導電動機の一次側の2つの端子を入れ替え，回転子に逆トルクをかけて電動機を制動する方式を，回生制動という。

2 直流電動機では，磁極を逆にしても，回転方向を変えることができない。

3 インバータは，交流電力を直流電力に変換する装置である。

4 断路器とは，電路の接続換え・切り離しを目的として，無負荷（無電流）状態で操作するものである。

5 三相誘導電動機の漏電を調べるには，絶縁抵抗値を測定するとよい。

## 実戦問題 解説

1 三相誘導電動機の一次側の2つの端子を入れ替え，回転子に逆トルクをかけて電動機を制動する方式は，逆相制動といいます。

2 直流電動機では，磁極を逆にすると，回転方向も逆になります。

3 インバータとは，直流電力を交流電力に変換する装置をいいます。

4 記述のとおりです。

5 記述のとおりです。

**実戦問題 解答●**1 × 2 × 3 × 4 ○ 5 ○

# 3 電気制御装置 重要度★★☆

> **学習のポイント**
> 電気制御装置に関する基本的な事項についてみていきます。

## 試験によく出る重要事項

　機械に使用されている電気装置を正確かつ安全に動かすために，機械をコントロールすることを電気制御といい，そのための装置を**電気制御装置**といいます。電気制御の方式には，**シーケンス制御**と**フィードバック制御**があります。

## 1 シーケンス制御

　**シーケンス制御**とは，あらかじめ定められた順序や条件に従って，制御の各段階を順次進めていく自動制御をいいます。シーケンス制御に使われる基本要素で，電気回路を開閉する部品のうち，**スイッチ**は主に手動で行うもので，**リレー**（継電器）は電気的に自動で制御するものです。

### ●接点

　電気回路で接触させて電流を通じさせる部分を**接点**といい，スイッチやリレーで用いられます。**メーク接点**（a 接点）は通常開いていて（OFF），何か操作したときに閉じ（ON），**ブレーク接点**（b 接点）は通常閉じていて（ON），何か操作したときに開きます（OFF）。

### ●スイッチの種類

　スイッチには次のような種類があります。なお，a 接点では強制開離機構を構成できないため，非常停止用押しボタンスイッチではb 接点が用いられます。

| | | |
|---|---|---|
| ●マイクロスイッチ | ●リミットスイッチ | ●近接スイッチ |
| ●光電スイッチ | ●温度スイッチ | ●圧力スイッチ |
| ●レベルスイッチ | ●押しボタンスイッチ | ●切り換えスイッチ |

### ●リレーの種類

| | |
|---|---|
| サーマルリレー | 熱によるリレーで，電動機の過負荷や短絡電流による焼損防止のために用いる。構造は，バイメタルおよびヒータと，これに応じて作動する速切り接点構造を組み合わせたもの。調整用のつまみがついている。サーマルリレーには短絡電流を遮断する能力がない。a 接点やb 接点を用いる。熱動継電器，**過負荷継電器**ともいう |

| 電磁リレー | 電気信号を受けて機械的な動きに変える電磁石と，電気を開閉するスイッチから構成される。a接点やb接点を用いる。電磁継電器ともいう |
|---|---|
| ソリッドステートリレー（SSR） | 可動部分をもたない半導体リレー。高頻度開閉が可能でメンテナンス・フリー。無接点リレーともいう |

## ●リレー回路の種類

それぞれ回路の特徴を
しっかりおさえておきましょう

| 自己保持回路 | 押しボタンスイッチ（PBS）をONにして指を離しても，停止ボタンを押すまでONの状態が続く回路。電磁接触器自身のa接点で電磁コイルの励磁回路を構成する |
|---|---|
| インタロック回路 | 優先度の高い回路をいったんONにすると，他の回路が動作しないようにする回路。誤動作などを防止する。先行動作優先回路ともいう |
| 無接点リレー回路 | 半導体を用いるリレー回路。AND，OR，NOTを基本論理素子として構成され，これを用いると複雑なほぼすべての論理回路が構成できる。NANDゲート（ANDとNOTの組合せ）やNORゲート（ORとNOTの組合せ）も用いられる |
| タイマ回路 | タイマ（限時継電器）を用いて運転時間の制御を行う回路。コイルに通電してもすぐに接点が動作せず，回路の動作を一定時間遅らせるときなどに用いる。限時回路ともいう。**タイマ**とは，入力信号が入ってから，あらかじめ定められた時間に出力信号を出す制御機器をいう |
| カウンタ回路 | カウンタを用いた回路。指定した回数だけ処理したことを検知する |
| オンディレータイマ | 電源を印加したときに計時を開始し，設定時間経過後に出力をONとする |
| オフディレータイマ | 電源を印加したときに出力がONとなり，電源をOFFとしたときに計時を開始して，設定時間経過後に出力をOFFとする |
| フリッカ回路 | 電源が供給されている間，一定時間の間隔で接点がONとOFFを繰り返す回路 |

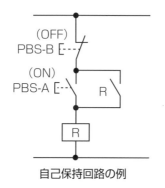

押しボタンスイッチ（PBS-A）を押すとa接点が閉じるため，PBS-Aを離してもリレーコイルに電流が流れ，リレーRの動作が保持される。PBS-Bを押すと自己保持が解除される
※ a接点，b接点の記号はP.222参照

自己保持回路の例

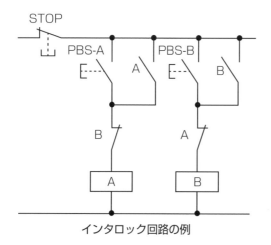

PBS-Aを押すとリレーAが動作し，リレーAは自己保持し，リレーAのb接点が開く。PBS-Bを押してもリレーBは動作しない

インタロック回路の例

## 2 フィードバック制御

**フィードバック制御**とは，フィードバックにより制御量の値を目標値と比較し，それを一致させるように訂正動作を行う自動制御をいいます。

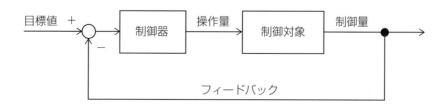

## 実戦問題

**次の各記述について，正しいものには○，誤っているものには×をつけなさい。**

1 シーケンス制御とは，フィードバックにより制御量の値を目標値と比較し，それを一致させるように自動的に訂正動作を行うような制御をいう。

2 物体がセンサ1を通過したときにモータが回転し始め，その後，センサ2を通過し，指定した時間が経過した後にモータが停止する回路は，タイマと自己保持回路で実現できる。

3 非常停止用押しボタン回路の押しボタン接点には，通常，メーク接点（a接点）が用いられる。

4 自己保持回路は，電磁接触器自身のメーク接点（a接点）で電磁コイルの励磁回路を構成する回路である。

5 誤操作（動作）を防ぐために，相互に関連して働く制御回路または機構をフリッカという。

### 実戦問題 解説

1 シーケンス制御とは，あらかじめ定められた順序や条件に従って，制御の各段階を順次進めていく制御をいいます。

2 記述のとおりです。

3 非常停止用押しボタンスイッチにはb接点が用いられます。

4 記述のとおりです。

5 誤操作（動作）を防ぐために，相互に関連して働く制御回路や機構は，インタロックといいます。

**実戦問題 解答●**1 × 2 ○ 3 × 4 ○ 5 ×

# 機械保全法一般

第3章では，機械保全を行う方法について
一般的な事項を扱います。

**1** 機械の保全と保全計画
**2** 機械の点検と品質管理

# 1 機械の保全と保全計画 重要度★★☆

**学習のポイント**
機械の保全に関する用語や，故障解析，保全計画などについてみていきます。

## 試験によく出る重要事項

### 1 設備保全・機械保全

**設備保全**とは，機械の故障をなくし，設備を正常で安全な状態に保つための，日常的・定期的な計画・検査・修理などの活動をいい，**機械保全**（あるいは単に保全）とほぼ同じ意味で用いられます。設備とは機械や装置，工具・計器類などを指します。

#### ●設備保全の目的と方法

設備保全の目的は**生産保全**であるとされ，目的達成のための方法には，予防保全・事後保全・改良保全・保全予防があります。

| 目的 | 生産保全 | | 設備の一生涯にわたり，設備自体のコストや設備の運転維持にかかる費用と，設備の劣化損失との合計を引き下げることによって，企業の生産性を高める活動 |
|---|---|---|---|
| 方法（維持活動） | 予防保全 | | 故障の発生を未然に防ぐために，機械などの設備を定期的に保守点検する保全方法。故障損失が大きい場合に用いる。清掃・給油などの活動も含まれる。事前保全，PM（Preventive Maintenance）ともいう |
| | | 日常保全 | 点検・整備・給油など，設備の性能劣化の防止・抑制につながる日常的な活動。DM（Daily Maintenance）ともいう |
| | | 定期保全 | 従来の故障記録・保全記録の評価から周期を決め，周期ごとに行う保全方法。定期的に行う点検・検査・整備など。**時間基準保全**（TBM：Time Based Maintenance）ともいう |
| | | 予知保全 | 設備の診断技術などによって，設備の状態や構成部品の劣化状態を把握し，その状態により保全の時期や方策を決め，補修や取り替えを行う保全方法。劣化の進行を予知・予測する。**状態基準保全**（CBM：Condition Based Maintenance）ともいう |

| | | |
|---|---|---|
| 方法（改善活動） | 事後保全 | 機械などが故障した後に，修理・復旧する保全方法。故障損失が小さい場合に用いる。BM（Breakdown Maintenance）ともいう |
| | 改良保全 | 設備の保全性・経済性・操作性などの向上のために，設備の材質や形状などの改良をする保全方法。維持のための保全と同時に行うものではない。CM（Corrective Maintenance）ともいう |
| | 保全予防 | 設備，系，ユニット，アッセンブリ，部品などについて，計画・設計段階から過去の保全実績などを用いて故障や不良に関する事項を予測・予知し，これらを排除するための対策を織り込む活動。MP（Maintenance Prevention）ともいう。設備の稼働に先立って，欠点を摘出して除去し，初期故障を防ぐ |

## 2 寿命特性曲線

　設備などの故障率を縦軸に，その稼働時間を横軸にとったグラフを，**寿命特性曲線**（故障率曲線）といい，その形状から**バスタブカーブ**ともいわれます。寿命特性曲線は 3 つの期間に大きく分けられます。

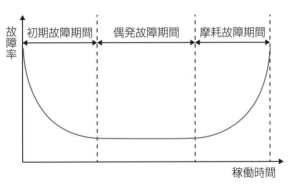

**寿命特性曲線**

| | |
|---|---|
| 初期故障期間 | 設備の使用開始後の比較的早い時期に，設計・製造上の欠陥や使用環境の不適合などにより故障が発生する期間。この期間では時間とともに故障率が減少する |
| 偶発故障期間 | 初期故障期間を過ぎて摩耗故障期間に至る前の通常運転期間に，故障が偶発的（ランダム）に発生する期間。この期間の故障率はほぼ一定。この期間の長さを**有効寿命**という |

| | |
|---|---|
| 摩耗故障期間 | 摩耗・疲労・劣化などによって時間とともに故障率が増加する期間。この期間に保全を行って故障の発生を抑えた場合など，故障率がバスタブカーブを描かないこともある |

## 3 信頼性と保全性

信頼性や保全性に関する用語には次のようなものがあります。

信頼性や保全性に関する用語については
よく出題されています

### ●信頼性と信頼度

| | |
|---|---|
| 信頼性 | アイテム（機器や装置など）が与えられた条件で規定の期間中，要求された機能を果たせる性質。故障のしにくさ |
| 信頼度 | 信頼性の程度を数値化したもの |

### ●信頼性の指標

| | |
|---|---|
| 故障度数率 | 機器などが故障のために停止した回数の負荷時間に対する割合。なお，負荷時間は実稼働時間と不稼働（停止）時間の和<br><br>$故障度数率 = \dfrac{故障停止回数の合計}{負荷時間の合計} \times 100 \ [\%]$ |
| 平均故障間動作時間 | 故障した修理できる機器などが，修理されてから次に故障するまでの動作時間の平均値。平均故障間隔，**MTBF**（Mean Time Between Failures）ともいう。MTBF が長いほど機器の信頼性が高い<br><br>$MTBF = \dfrac{動作時間の合計}{故障回数の合計}$ |
| 平均故障寿命 | 故障した修理できない機器などが，稼動を開始してから故障するまでの動作時間の平均値。平均故障時間，**MTTF**（Mean Time To Failure）ともいう<br><br>$MTTF = \dfrac{各機器の動作時間の合計}{機器数の合計}$ |

### ●保全性と保全度

| | |
|---|---|
| 保全性 | 設備に対する保全・修復のしやすさ |
| 保全度 | 保全性の程度を数値化したもの |

## ●保全性の指標

| 故障強度率 | 設備が故障のために停止した時間の割合<br>故障強度率 $=\dfrac{\text{故障停止時間の合計}}{\text{負荷時間の合計}} \times 100 \ [\%]$ |
|---|---|
| 平均修復時間 | 機器などが故障したときに修復に要する平均時間。平均復旧時間，**MTTR**（Mean Time To Repair）ともいう。MTTR が短いほど機器の保守性が高い<br>$\text{MTTR} =\dfrac{\text{故障停止時間の合計}}{\text{故障停止回数の合計}}$ |

## ●関連する用語

| 固有アベイラビリティ | 修理できる機器などが，ある期間中に規定の機能を果たせる状態にある時間の割合。Ai，稼働率ともいう。MTTR を減少させると Ai は高まる<br>$\text{Ai} =\dfrac{\text{動作可能時間}}{\text{動作可能時間＋動作不可能時間}} =\dfrac{\text{MTBF}}{\text{MTBF＋MTTR}}$ |
|---|---|
| 故障率 | ある期間に起こる故障の回数の割合。平均故障間隔の逆数 |
| 設備総合効率 | 時間稼働率×性能稼働率×良品率 |
| M P（保全予防）設計 | 設備の新規導入などに際し，設計の段階から故障しにくく，保全しやすく，操作性が良いといった点を考慮して設備を設計すること。故障，劣化損失などの低減につながる |
| フェールセーフ設計 | 機械などに故障が生じても，これに起因した被害を最小限にとどめるために，安全側に機能するような設計<br>**例** 転倒すると自動的に消火する設計の石油ストーブ |
| フールプルーフ設計 | 人間に誤った操作をさせないような設計。あるいは，人間が誤った操作をしても，致命的な障害が起こらないような設計。ポカヨケともいう<br>**例** ドアを閉めなければ加熱できない電子レンジ |
| トレードオフ | 信頼性，保全性，品質，コストなど競合する要因間のバランスをとる（折り合いをつける）こと |

## 4 故障

### ●故障

**故障**とは，機器・部品・システムなどが規定された機能をなくすことをいいます。故障は次の2つに大きく分けられます。

| 機能停止型故障 | 機能がすべて停止するタイプの故障 |
|---|---|
| 機能低下型故障 | 機能が徐々に低下するタイプの故障。空転，チョコ停（小停止），不良などが起こるケース。事前の点検・監視により予知できる。**劣化故障**ともいう。機能の低下による損失を**劣化損失**という |

## 5 故障解析

　**故障解析**とは，故障した機器やシステムなどについて論理的・体系的に調査・検討することで，これは故障メカニズム，故障原因，故障が引き起こす結果を識別し，解析するために行われます。

| 故障メカニズム | 物理的・化学的・人為的原因などにより故障が起こるしくみ・過程 |
|---|---|

故障解析については
よく出題されています

### ●故障解析の方法

| 故障の木解析 | 発生した故障について，論理記号を用いて，その発生過程をさかのぼって樹形図に展開し，トップダウンで発生の原因・過程を予測・解析する方法。結果→原因。信頼性・安全性の評価に用いられる。**FTA**（Fault Tree Analysis）ともいう |
|---|---|
| 事象の木解析 | 原因となる事象を出発点とし，どのような過程で最終的な事象へと発展していくかを樹形図に展開，ボトムアップで解析する方法。原因→結果。信頼性・安全性の評価に用いられる。**ETA**（Event Tree Analysis）ともいう |
| 故障モード影響解析 | 製品やプロセスについて，問題が発生する前に問題（故障モード）を洗い出し，その原因や影響を想定し，対策につなげる方法。ボトムアップ型の手法。信頼性・安全性の評価に用いられる。**FMEA**（Failure Mode and Effect Analysis）ともいう。「設計FMEA」と「工程FMEA」の2種類がある<br>**故障モード**　故障状態の形式による分類。摩耗，断線，短絡など |

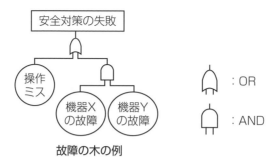

故障の木の例

## 6 保全計画と工事

保全計画や工事に関する用語には，次のようなものがあります。

| | |
|---|---|
| 重点設備 | 重点的に予防保全を行う設備。保全能力を効率的に使うため，生産管理の 6 要素 PQCDSM を基準に重点設備を選択する。<br>P：生産性（Productivity）<br>Q：品質（Quality）<br>C：コスト（Cost）<br>D：納期（Delivery）<br>S：安全（Safety）<br>M：意欲（Morale） |
| 保全計画 | 保全を行う上での計画。日常点検計画，定期点検計画，検査計画，定期修理計画，改良保全計画，要員計画など |
| 最適保全計画 | 既存の設備と既存の保全技術の中で，保全費と劣化損失の和が最小になるような保全計画 |
| 保全費 | 設備保全活動に必要な費用。設備の新増設・更新などの支出を除いた費用。保全に要する人件費，購入した物品費，安全対策費やクレーンなどの重機費などの他，保全用予備品の在庫費用，予備品の保有にかかる費用も含む |
| 保全作業履歴簿 | 設備設置後の保全作業の状況を記録したもの。設備の名称，製造会社，管理番号，購入時期などの他，故障・修理の内容，修理費用，保全工数なども記録する |
| オーバホール | 設備の性能回復のために，設備を総合的に分解検査し，整備・修理する活動。更生修理ともいう |

| | |
|---|---|
| ガントチャート法 | 横軸に時間，縦軸に工程・人員別の作業期間を配した帯状グラフ（ガントチャート，バーチャート）を用い，設備改修などの工事のスケジュールを管理する方法。作業の進行状況や余力の把握が容易 |
| PERT法 | 工事などの企画の手順計画を矢線図に表示し，計画の評価・調整・進度管理を行う手法。PERTは Program Evaluation and Review Technique の略。アローダイアグラム法ともいう |

| 項目 | 1日 | 2日 | 3日 | 4日 | 5日 | 6日 | 7日 |
|---|---|---|---|---|---|---|---|
| 作業A | | | | | | | |
| 作業B | | | | | | | |
| 作業C | | | | | | | |
| 作業D | | | | | | | |

ガントチャートの例

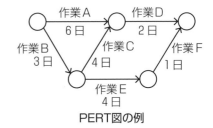

PERT図の例

## 実戦問題

**次の各記述について，正しいものには○，誤っているものには×をつけなさい。**

1 TBMとは，設備の診断技術などによって，設備の状態や構成部品の劣化状態を把握し，その状態により保全の時期や方策を決め，補修や取り替えを行うものである。

2 機械の履歴に基づく故障傾向の分析と平均故障間動作時間（MTBF）分析は，偶発故障期間にも行わなければならない。

3 故障強度率で用いる負荷時間は，実稼動時間に故障による停止時間を加えたものである。

4 劣化故障は，日常の点検や状態監視により予知することができない。

5 摩耗故障期では，疲労・摩耗などにより，時間の経過とともに故障率が大きくなる時期であるため，検査・点検による予知で故障率を低くすることはできない。

## 実戦問題 解説

1 設備の診断技術などによって，設備の状態や構成部品の劣化状態を把握し，その状態により保全の時期や方策を決め，補修や取り替えを行う方法は，CBMといいます。

2 記述のとおりです。

3 記述のとおりです。

4 劣化故障は，日常の点検や状態監視によって予知することができます。

5 定期点検によって，摩耗故障期に入るのを遅らせたり，故障率を低くすることができます。

第**3**章 機械保全法一般

実戦問題 解答●1 ×　2 ○　3 ○　4 ×　5 ×

# 2 機械の点検と品質管理 重要度★★★

**学習のポイント**

機械の点検や，品質管理とその手法などについてみていきます。

## 試験によく出る重要事項

## 1 機械の点検

### ●点検の種類と周期

| 日常点検 | 設備の日常的な点検。設備の劣化防止のために，主に**五感**（視覚・触覚・聴覚・嗅覚・味覚）で行う。温度計・振動計・聴音器などの簡易測定器による点検もある。故障を防ぐには清掃・給油・増し締めなど基本条件整備も必要 |
|---|---|
| 定期点検 | あらかじめ点検周期を定めて行う設備点検。点検周期は毎月，毎年など設備により異なる。設備稼働中の簡易測定器による点検や，設備停止中の分解検査などがある |
| 点検周期 | 偶発故障期間は故障率が低いため，初期故障期間や摩耗故障期間よりも点検周期が長くとれる |

### ●点検計画書と点検表

　誰でも同じように点検が行えるために，点検計画書や点検表，点検標準を作成する必要があります。

| 点検計画書 | 点検を効率よく行うための計画をまとめたもの |
|---|---|
| 点検表 | 点検項目・点検箇所・点検方法などをまとめたチェックリスト。点検記録。正常・異常の判断が明確にわかるように，判断基準を数値化することが望ましい。保全の最適化のためには，点検項目・点検箇所は必要なものだけに絞る必要がある |
| 点検標準 | 点検項目，点検方法，点検周期などを明示する必要がある。点検作業の標準的な進め方をまとめたものを**点検基準書**という |

## 2 設備の履歴

| | |
|---|---|
| 設備履歴簿<br>（りれきぼ） | 設備の名称，製造会社，管理番号，購入時期，購入金額などの設備固有情報のほか，運転開始後に発生した故障・修理の日付・内容，修理後の性能・運転状況，修理費用などを設備ごとに記録したもの。設備履歴簿は**ライフサイクルコスト**\*（LCC）の基礎資料となる。故障解析や改修・更新の判断に用いられる。**設備台帳**，点検簿ともいう。機械の履歴を記録したものを機械履歴簿（履歴台帳）という。 |
| 設備運転記録 | 設備の運転・使用の状況を記したもの。設備履歴簿の基礎資料となる |

＊設備の設計・開発から廃棄までにかかる全費用。

## 3 品質管理

　**品質管理**とは，買い手のニーズに合った製品やサービスを経済的に作るための活動をいい，QC（Quality Control）ともいいます。

　品質管理活動は **PDCA サイクル**という方法で進めます。これは Plan（計画）→ Do（実施）→ Check（評価）→ Act（改善）の 4 段階を繰り返すことにより，継続的に品質・業務の改善・向上を促す管理手法です。

　Man（人），Machine（機械），Material（材料），Method（方法）を**生産の 4 要素**（4M）といいます。

PDCAサイクル

## 4 品質管理の手法

品質管理の手法に関する用語には，次のような種類があります。

| | |
|---|---|
| パレート図 | 問題点などを項目別に分類（層別）（そうべつ）し，出現度数の大きさの順に並べて棒グラフにし，その累積和を折れ線グラフに示した図。**累積度数分布図**ともいう |
| 特性要因図 | 特定の結果（特性）とその要因の関係を 4M などで分類し，系統的に表した図。その形状から**魚の骨図**ともいわれる。特性に向かって背骨→大骨→中骨→小骨と要因が表される |

| | |
|---|---|
| ヒストグラム | 測定値をいくつかの区間に分け，それぞれの区間に属する測定値の度数を棒グラフで表した図。データの分布状況（ばらつき），出現度数の幅などがわかる。度数分布図ともいう |
| 散布図 | 2つの項目を縦軸と横軸にとり，プロット（打点）により作成される図。点の分布により2つの項目の関連性がわかる<br>**相関関係**　$x$, $y$の2つの変数において，$x$が増加すると$y$も増加するときは**正の相関**（相関係数が正），$x$が増加すると$y$が減少するときは**負の相関**（相関係数が負）があり，どちらでもないときは相関がない（相関係数が0）といえる |
| 平均値 | データの合計値をデータ数で割った値 |
| 標準偏差 | 偏差（データの各値と平均値との差）の2乗の平均の平方根。データのばらつきの程度を示す数値。偏差の2乗の平均を**分散**という |
| 正規分布 | 平均値を境として前後同じ程度に分布している状態。左右対称のつりがね型。平均値に対して±$\sigma$，±2$\sigma$，±3$\sigma$の間に入る確率（面積）が，それぞれ**68.3%**，**95.4%**，**99.7%**になる。ガウス分布ともいう<br>**標準正規分布**　平均が0で分散が1の正規分布 |
| 抜取り検査 | ロット\*からサンプル（試料）を無作為（ランダム）に抜き取って試験し，その結果をロットの判定基準と比較し，ロットの合格・不合格を判定する検査。少品種多量生産の場合に適する。全数検査に比べて時間的・経済的に有利。サンプルの中の不良品を数えて合否を判定する**計数抜取検査**と，サンプルの各特性値を測定し，その平均値により合否を判定する**計量抜取検査**がある |
| 生産者危険 | 合格とするべき品質の高いロットを，検査で**不合格**と判定してしまう危険性。第1種の誤り（あわて者の誤り）ともいう |
| 消費者危険 | 不合格とするべき品質の低いロットを，検査で合格と判定してしまう危険性。第2種の誤り（ぼんやり者の誤り）ともいう |
| 官能検査 | 人間の感覚を用いて品質特性を評価し，判定基準と照合して判定を行う検査 |
| 管理図 | 縦軸に品質の特性値，横軸に時間をとり，折れ線グラフに表した図。工程が安定しているか，異常が発生しているかがわかる<br>**管理限界**　測定値のばらつきなどが収まるべき上限または下限。管理図では，平均値が中心線（CL），上限が**上方管理限界線**（UCL），下限が**下方管理限界線**（LCL）で示される |

＊ロット：製品の一定数量単位のまとまり

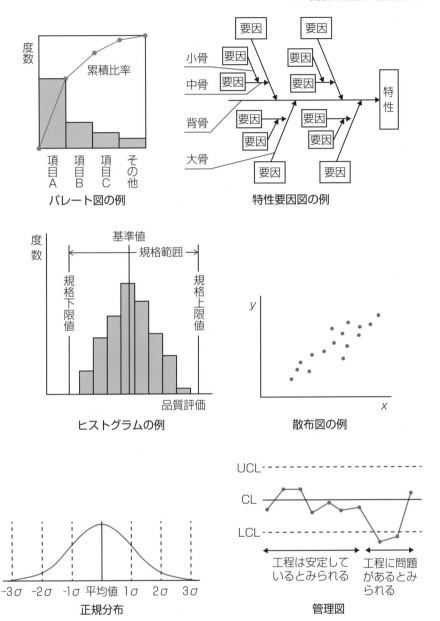

パレート図の例

特性要因図の例

ヒストグラムの例

散布図の例

正規分布

管理図

## ●管理図の種類

　管理図には，計数値のデータを用いる管理図と，計量値のデータを用いる管理図があります。1個，2個と数えられる値を**計数値**，長さ・重量など連続し

た値を**計量値**といいます。

| | | |
|---|---|---|
| 計数値管理図 | $p$ 管理図 | 群*の大きさに対する不適合品数の割合（$p$）を用いて工程を評価するための管理図。群の大きさが一定でない場合に用いる。不適合品率（不良率）の管理図ともいう |
| | $np$ 管理図 | 不適合品数（不良数）を用いて工程を評価するための管理図。群の大きさが一定の場合に用いる。$pn$ 管理図ともいう |
| | $c$ 管理図 | 不適合数（欠点数）を用いて工程を評価するための管理図。群の大きさが一定の場合に用いる。1 個の製品中に 1 個以上の欠点がある場合などに用いる |
| | $u$ 管理図 | 単位あたりの不適合数（欠点数）を用いて工程を評価するための管理図。群の大きさが一定でない場合に用いる |
| 計量値管理図 | $\bar{X}$ 管理図 | 群の平均値を用いて群間の違いを評価するための管理図。分布の平均値の変化を見るために用いる |
| | $R$ 管理図 | 群の範囲を用いて工程の分散を評価するための管理図。分布の幅や各群内のばらつきの変化を見るために用いる |
| | $\bar{X} - R$ 管理図 | $\bar{X}$ 管理図と $R$ 管理図を組み合わせたもの。平均値と範囲の管理図ともいう |

＊群：サンプリングされたデータのかたまり

　なお，管理図において，管理したい値が上方管理限界と下方管理限界の内側にあり，値の並び方に癖がない場合，「工程は統計的管理状態にある」といいます。

## 実戦問題

**次の各記述について，正しいものには○，誤っているものには×をつけなさい。**

1 清掃・給油・増し締めなどの基本条件整備のうち，どれかを欠いていたとしても，日常の目視点検を行っていれば故障に至ることはない。

2 設備履歴簿は，LCC（ライフサイクルコスト）の基本資料として使用できる。

3 特性要因図は，特定の結果と要因との関係を系統的に表した図である。

4 抜取り検査で，不合格とするべきものを合格と判定してしまう誤りを，生産者危険という。

5 正規分布をする母集団で，3σ管理限界を外れる確率は，1/1000以下である。

## 実戦問題 解説

1 故障を未然に防ぐためには，清掃・給油・増し締めなどの基本条件整備のどれも欠かすことはできません。

2 記述のとおりです。

3 記述のとおりです。

4 不合格とするべきものを合格と判定してしまう誤りは，消費者危険といいます。

5 正規分布をする母集団で，3σ管理限界を外れる確率は，およそ3/1000以下です。

# 材料一般

第4章では，鉄鋼材料や非鉄金属材料の種類・性質や，材料を熱処理する方法について一般的な事項を扱います。

**1** 鉄鋼材料
**2** 非鉄金属材料
**3** 熱処理

# 1 鉄鋼材料

> **学習のポイント**
> 炭素鋼や合金鋼をはじめとした鉄鋼材料の種類や性質，用途についてみていきます。

## 試験によく出る重要事項

　金属材料は，**鉄鋼材料**（鉄と鉄を主成分とした合金）と非鉄金属材料に分類され，鉄鋼材料には炭素鋼・合金鋼・工具鋼・鋳鉄・鋳鋼などがあります。

## 1 炭素鋼

　**炭素鋼**とは，鉄と炭素の合金で，炭素含有量が通常 0.02 ～ 2％の鋼をいい，通常少量のけい素，マンガン，りん，硫黄などを含みます。炭素量により高炭素鋼，中炭素鋼，低炭素鋼の別があります。

### ●炭素鋼の性質

　炭素鋼は炭素量が増えると，比重・伸び・熱膨張係数が小さくなり，比熱・硬さ・引張強さが大きくなります。応力腐食割れ（引張応力と腐食の相互作用に伴う割れ）を起こすことがあります。また温度によって次のような性質があります。

| | |
|---|---|
| 青熱脆性 | 200 ～ 300℃付近で鋼の硬さや引張強さが常温*の場合より増加し，伸び・絞りが減少し，もろくなる性質。この温度範囲での加工は避ける。青い酸化皮膜が表面に形成される |
| 赤熱脆性 | 硫黄を多く含む炭素鋼が 950℃付近でもろくなる性質。亀裂などが生じる。高温脆性ともいう |
| 低温脆性 | 常温付近かそれ以下の低温で，鋼の衝撃値が急激に低下し，もろくなる性質 |

＊常温：JIS では 5 ～ 35℃としている

### ●炭素鋼の種類

　炭素鋼で炭素量が少ないものは構造用，炭素量が多いものは工具用として用いられます。

| | |
|---|---|
| 一般構造用<br>圧延鋼材 | 記号：SS。建築，橋，車両などに広い用途をもち，板，ボルトなどに用いられる。単価が安い。特に大きな強度を必要としない部分に用いる |

| 溶接構造用<br>圧延鋼材 | 記号：SM。建築，橋，船舶，車両などの構造物に用いられる。溶接性に優れる。M は Marine から |
|---|---|
| 機械構造用<br>炭素鋼鋼材 | 記号：SC。強度・品質が高く，精密機械用の部品などに用いられる。熱処理（焼入れ・焼戻し）により強靭性が得られる |

## 2　合金鋼

**合金鋼**とは，炭素鋼にマンガン，クロム，ニッケル，モリブデンなどの合金元素を 1 種類以上加え，性質を改善・向上させた鋼で，特殊鋼ともいいます。

> ステンレス鋼については
> よく出題されています

### ●合金鋼の種類

| マンガン鋼 | 記号：SMn。炭素鋼にマンガンを加えた合金鋼。高マンガン鋼と低マンガン鋼がある |
|---|---|
| 　　高マンガン鋼 | マンガン 11%以上含む合金鋼。非磁性。硬度があり，耐摩耗性部品に用いられる |
| 　　低マンガン鋼 | マンガン 2%程度含む合金鋼。機械的強度が大きい。炭素量 0.3%以下のものは圧延したまま使われ，高張力鋼といわれ，薄くても強度がある |
| クロム鋼 | 記号：SCr。炭素鋼にクロムを加えた合金鋼。クロム 2%以下のものは，焼入れすると強靭になり，工具・歯車などに用いられる |
| ニッケル・クロム鋼 | 記号：SNC。ニッケル 2%程度，クロム 1%程度を含む合金鋼。きわめて強靭。歯車・ボルトなどに使用 |
| クロム・モリブデン鋼 | 記号：SCM。少量のモリブデンを含むクロム鋼。溶接しやすく，高温に強い。自動車・航空機などの構造部材として用いる |
| ステンレス鋼 | 記号：SUS。クロムを主体にニッケルなどを添加した合金鋼。JIS ではクロム 10.5%以上，炭素 1.2%以下とし，耐食性を向上させた合金鋼としている。表面でクロムが酸素と結合し，不動態皮膜が生じているため，きわめて錆びにくい。不銹鋼ともいう。次に掲げるものの他にオーステナイト・フェライト系，析出硬化系（いずれも磁性）がある |

**61**

| | |
|---|---|
| オーステナイト系 | クロムとニッケルを含む。非磁性。18% Cr － 8% Ni の SUS304（18-8 ステンレス）が代表的。耐食性に優れる。常温でもオーステナイト組織を示す。応力腐食割れを起こしやすい。用途は一般化学設備・建築金物・医療用器具など幅広い。炭素鋼やフェライト系に比べて加工により硬化しやすい。結晶構造は面心立方格子 |
| フェライト系 | クロムを含む。磁性。18% Cr の SUS430 が代表的。応力腐食割れを起こしにくい。オーステナイト系に比べて加工硬化しにくいが，耐食性が劣る。溶接性・加工性に優れる。軟質で加工性・溶接性に優れる。用途は管・板・線など。結晶構造は体心立方格子 |
| マルテンサイト系 | クロムを含む。磁性。焼入れすると硬くなる。溶接性が悪い。13% Cr の SUS410 が代表的。結晶構造は体心正方格子 |

## 3 工具鋼

　工具鋼とは，主に工具に使用される硬質の鋼をいい，炭素工具鋼・合金工具鋼・高速度工具鋼があります。

### ●工具鋼の種類

| | |
|---|---|
| 炭素工具鋼 | 記号：SK。工具などには硬さや耐摩耗性が必要とされるため，高炭素鋼を用いる。焼ひずみや焼割れを起こしやすい |
| 合金工具鋼 | 記号：SKS，SKD，SKT。炭素工具鋼にマンガン，クロム，ニッケル，モリブデンなどの合金元素を 1 種類以上加えた鋼。炭素工具鋼に比べて焼入れ性・切削性・耐衝撃性などが優れる |
| 高速度工具鋼 | 記号：SKH。切削性を合金工具鋼より高めた鋼で，高速度の切削が可能。高速度鋼，ハイスともいう。用途は切削工具・金型など |

## 4 鋳鉄

　鋳鉄とは，鉄と炭素の合金で，炭素量 1.7%以上のものをいいます。鋳物に用いられます。

●鋳鉄の種類

| 普通鋳鉄 | 記号：FC10，15，20，25。合金元素を特に加えていない鋳鉄。炭素量は 2.8 〜 3.4％程度。その色から**ねずみ鋳鉄**ともいい，鋳鉄中に存在する黒鉛（グラファイト）の形から片状黒鉛鋳鉄ともいう。硬さがあまり必要でない用途に使う。耐摩耗性に優れる。鋼に比べて弾性係数は低いが熱伝導率は高い |
|---|---|
| 高級鋳鉄 | 引張強さを普通鋳鉄より高めた鋳鉄。硬さが必要となる用途に使う。強靭鋳鉄ともいう |
| パーライト鋳鉄 | 記号：FC30，35。パーライトと黒鉛が混ざったもの。強靭で耐摩耗性・耐熱性に優れる |
| 球状黒鉛鋳鉄 | 記号：FCD。鋳鉄のうち，黒鉛が球状のもの。普通鋳鉄に比べて引張強さが高く，延性もある。耐摩耗性・耐熱性に優れる。ダクタイル鋳鉄，ノジュラー鋳鉄ともいう |
| ミーハナイト | 普通鋳鉄より低炭素。機械的性質に優れる。用途はカム軸，クランク軸など |
| 特殊鋳鉄 | 普通鋳鉄にマンガン，クロム，ニッケル，チタンなどの特殊元素を加え，その性能を高めたもの。普通鋳鉄に比べて機械的性質・耐摩耗性・耐酸性などが優れる。合金鋳鉄ともいう |
| 可鍛鋳鉄 | 白鋳鉄に可鍛性（叩いても壊れにくい性質）をもたせたもの。破面が黒く一般的に用いられる**黒心可鍛鋳鉄**と，破面が白い**白心可鍛鋳鉄**がある |

## 5 鋳鋼

**鋳鋼**とは，鋳造に用いられる，炭素量 1％以下の鋼をいい，鋼鋳物ともいいます。鋳鉄より強靭です。鋳鋼品は，機械的性質を改善するため，焼なまし・焼ならしなどを行ってから使います。

●鋳鋼の種類

| 炭素鋼鋳鋼品 | 記号：SC。特殊元素を含まない鋳鋼。炭素量 0.2％以下を低炭素鋼鋳鋼，0.2 〜 0.5％を中炭素鋼鋳鋼，0.5％以上を高炭素鋼鋳鋼という。普通鋼鋳鋼品ともいい，一般的に用いられる |
|---|---|
| 合金鋼鋳鋼品 | クロム，ニッケル，モリブデンなどの特殊元素を加えたもの。耐食性に優れるステンレス鋳鋼品（SCS）や，耐摩耗性に優れる高マンガン鋳鋼品（SCMnH）などがある |

次の各記述について，正しいものには○，誤っているものには×をつけなさい。

1 オーステナイト系ステンレス鋼は，一般に強磁性体である。

2 ステンレス鋼は，一般に炭素鋼に比べて加工硬化しやすい。

3 応力腐食割れは，炭素鋼に特有の現象であって，ステンレス鋼では起こらない。

4 クロム鋼は，炭素量 2% 程度を含む鉄と炭素の合金鋼である。

5 18-8 ステンレス鋼とは，Cr が約 18%，Ni が約 8%の合金鋼である。

———————————— 実戦問題 解説 ————————————

1 オーステナイト系ステンレス鋼は，一般に非磁性体です。

2 記述のとおりです。

3 ステンレス鋼でも応力腐食割れは起こります。

4 クロム鋼は，炭素鋼にクロムを加えた合金鋼です。

5 記述のとおりです。

実戦問題 解答●1 × 2 ○ 3 × 4 × 5 ○

# 2 非鉄金属材料

**学習のポイント**

アルミニウム合金や銅合金など，非鉄金属材料の種類や性質，用途についてみていきます。

## 試験によく出る重要事項

**非鉄金属材料**とは，鉄鋼材料以外の金属材料をいい，代表的なものにはアルミニウム，銅などがあります。

## 1 アルミニウムとその合金

| | |
|---|---|
| アルミニウム | 比重は 2.7 と軽い。電気・熱伝導性が銅に次いで大きい。酸やアルカリに侵されやすい。空気中では表面に酸化皮膜を生成し，内部を保護する。鋳造性・加工性に優れ，常温・高温で圧延やプレスなどの加工ができる。用途はアルミニウム合金材料，一般機械部品，容器，電気器具など幅広い |
| アルミニウム合金 | アルミニウムを主体とする合金。強度を高めるために Cu，Mg，Zn，Mn などを加えたもの。鋳造性・加工性に優れる |
| 高力アルミニウム合金 | 加工・熱処理により強度を高めたアルミニウム合金。ジュラルミン，超ジュラルミン，超々ジュラルミンなどがある。ジュラルミンの用途は航空機用材・車両用材など<br>**時効硬化** ジュラルミン系の合金を焼入れしたのち，ある時間放置しておくと硬さを増す現象 |
| Y 合金 | アルミニウムに Cu, Ni, Mg を加えたアルミニウム合金。耐摩耗性・耐熱性に優れる。用途はエンジン部品など |

## 2 銅とその合金

| | |
|---|---|
| 銅 | 比重は 8.9 と重い。電気・熱伝導性がアルミニウムより大きい。電気伝導率（導電率）は高い順に銀，銅，金。磁石を近づけると反発して遠ざかる性質（反磁性）をもつ。展延性に優れる。加工硬化しやすい。鉄に比べて耐食性に優れる。湿気などにより銅の表面に生成する錆を緑青という。鋳造性・切削性に乏しい。用途は銅線，銅管，電子・電気機器部品など |

| | | |
|---|---|---|
| 黄銅<br>（おうどう） | 銅と亜鉛の合金。真鍮（しんちゅう）ともいう。鋳造性・圧延性に優れる。大気中で腐食されにくいが，海水に侵されやすい。冷間加工*1の後に放置すると割れが生じる（置割れ（おきわ））ため，焼ならしをする | |
| | 6－4黄銅 | 銅60%，亜鉛40%からなる黄銅。熱間加工性*2・鋳造性に優れる。耐摩耗性・耐熱性に優れる。用途は船用プロペラ，歯車，弁座など |
| | 7－3黄銅 | 銅70%，亜鉛30%からなる黄銅。冷間加工性・鋳造性に優れる。用途は板・棒・管などの圧延加工材の他，フランジ，電気部品，一般機械部品など |
| | トムバック | 銅85%，亜鉛15%からなる黄銅。金色。用途は金ボタンなど |
| 青銅<br>（せいどう） | 銅とスズ（Sn）の合金で，スズが30%以下のもの。鋳造性・耐摩耗性・耐食性・機械的性質に優れる。ブロンズともいう。用途は銅像，貨幣，美術工芸品，軸受（じくうけ），スイッチ，コネクタなど | |
| | りん青銅 | 青銅に少量のりん（P）を加えた合金。耐摩耗性・耐食性・熱伝導性に優れる。用途はウォームホイール，歯車，ばねなど |
| | 砲金<br>（ほうきん） | スズが10～20%の青銅。亜鉛を少量加えることで鋳造性・機械的性質を高めたものもある。用途はバルブ，軸受，歯車など |
| アルミニウム青銅 | 銅を主体とし，少量のアルミニウムを含む合金。引張強さ・耐食性に優れる。装飾品・機械部品に用いる | |

＊1　冷間加工：常温での加工
＊2　熱間加工：高温（850℃以上）での加工

## 3 軸受合金

**軸受合金**（じくうけ）とは，軸受に用いる合金をいい，次のような種類があります。

| | | |
|---|---|---|
| 鉛青銅 | 銅または青銅に鉛を比較的多く加えた合金。高速機関の軸受に用いる | |
| | ケルメット | 鉛25～40%を含む軸受用の銅合金。鋳造性を高めるため，スズ（Sn）やニッケルを少量添加したものもある。高速・高荷重に耐える |
| ホワイトメタル | 記号：WJ。鉛またはスズを主体とし，少量のアンチモン，銅，亜鉛などを加えた合金。白色。鉛が主体のものは柔らかいため，鋳鉄・青銅などの裏面に張り合わせて用いる。非焼付き性に優れ軸受材に適する。スズが主体のものをバビットメタルという | |
| | バビットメタル | スズを主体とし，少量のアンチモン，銅などを含む合金。高温・高圧に耐え，耐食性に優れる。高速荷重用に適する |

# 4 金属の一般的性質

●金属の比重

| 白金 | タングステン | 鉛 | 銅 | ニッケル | 鉄 | マンガン | アルミニウム |
|------|------|------|------|------|------|------|------|
| 21.5 | 19.2 | 11.3 | **8.9** | 8.9 | 7.9 | 7.4 | **2.7** |

●金属の電気抵抗

金属の電気抵抗値は一般に，温度が上がると大きくなります。

## 実戦問題

次の各記述について，正しいものには○，誤っているものには×をつけなさい。

1 銀，銅，金の順に導電率が高くなる。

2 りん青銅は，青銅に少量のりん（P）を加えた合金で，耐摩耗性・耐食性に優れ，ウォームホイール，歯車などに用いられる。

3 金属の電気抵抗値は，一般に温度が上がると減少する。

4 黄銅は，主として銅とスズの合金である。

5 アルミニウムは，銅に比べて熱伝導性が低い。

## 実戦問題 解説

1 記述のとおりです。

2 記述のとおりです。

3 金属の電気抵抗値は，一般に温度が上がると増加します。

4 黄銅は，主として銅と亜鉛の合金です。

5 記述のとおりです。

実戦問題 解答●1 ○　2 ○　3 ×　4 ×　5 ○

# 3 熱処理

**学習のポイント**

焼入れ，焼ならしといった熱処理の種類や方法，熱処理によって材料に起きる欠陥などについてみていきます。

## 試験によく出る重要事項

## 1 熱処理

　**熱処理**とは，金属などの材料を加熱したり冷却したりして，目的とする性質に改善することをいい，次のような種類があります。

### ●熱処理の種類

| | |
|---|---|
| **焼入れ**（やきいれ） | 金属材料を高温（780 〜 900℃程度）に加熱した後，急冷して硬化する操作（図a）。金属を加熱によりオーステナイト組織（面心立方晶）にし，急冷によりマルテンサイト組織（体心正方晶）を得る。硬いがもろいため，通常は焼戻しを行う。脱炭すると硬度は低下する。焼入れ温度は，炭素量によって適切な温度がある（図b）<br>**質量効果**　鋼の質量によって焼入れ硬さが変化すること。鋼の質量が大きいほど焼入れ硬さは小さくなる |
| **焼ならし**（やきならし） | 金属材料を高温に加熱した後，空冷 *1 して強化する操作。焼準ともいう。組織を均一にし，残留応力（内部応力）を除去するために行う。強度の他に延性が増す。組織が不均一なまま焼入れをすると変形や焼割れが起きやすい |
| **焼なまし**（やきなまし） | 金属材料を適温に加熱した後，徐冷 *2 して軟化する操作。焼鈍ともいう。組織の均一化，残留応力の除去，加工性の向上のために行う。変態点 *3 以下の低温に加熱する低温焼なまし，高温に加熱する高温焼なましなどがある |
| **焼戻し**（やきもどし） | 焼入れされた硬くてもろい金属材料を，変態点以下の低温で再加熱して靭化する操作。粘り強さ（靭性）の向上，硬さの低下，組織の安定化，残留応力の除去のために行う。もとの硬さに戻すためではない<br>**調質**（ちょうしつ）　焼入れの後，ソルバイト組織が出る温度（600℃程度）で焼き戻す一連の工程。加工性を上げるために行う |

＊1　空冷：空気中で自然に冷却すること

＊2　徐冷：ゆっくり冷やすこと。通常は炉内で冷やす（炉冷）

＊3　変態点：状態が変わる温度

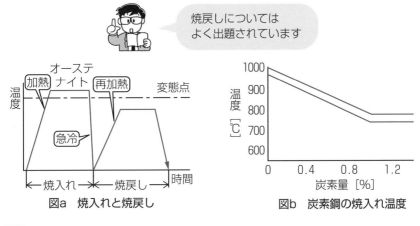

図a　焼入れと焼戻し

図b　炭素鋼の焼入れ温度

## 2　表面硬化

**表面硬化**とは，金属材料の表面だけを物理的・化学的手段により硬化させる方法をいい，金属材料の表面を硬くし，摩耗・繰り返し荷重などに耐えるようにするために行います。また，表面だけを硬化させることで，焼割れを防ぐことができます。

### ●物理的方法

鋼の表面だけを焼入れにより硬くする方法で，次の2種類が代表的です。

| | |
|---|---|
| **高周波焼入れ** | 鋼の表面に配したコイル（誘導子）に高周波電流を流して急速に加熱した後，急冷して焼入れする方法。焼入れ後は，研磨割れの防止と耐摩耗性の向上のため150〜200℃に焼戻しする。硬化層深さを深くしたいときは低い周波数を用いる。この焼入れの効果は表面の圧縮残留応力のためとされる<br>**適する鋼**　炭素量0.3〜0.6％の炭素鋼・合金鋼。S35C〜S45C，SNC836など |
| **火炎焼入れ** | 酸素・アセチレン炎を用いて表面を急速に加熱した後，水で急冷して焼入れする方法。硬化層深さは1〜5mm。火炎は高温のため，鋼の表面を融解させないようにする。焼入れ後は150〜200℃に焼戻しする<br>**適する鋼**　炭素量0.3〜0.7％のもの |

### ●化学的方法

鋼の表面の化学成分を変えて硬くする方法です。

| | 浸炭<br>(しんたん) | 炭素量 0.2%程度の低炭素鋼(肌焼き鋼)を 900 ～ 1,000℃に加熱し,表面に炭素を浸み込ませて高炭素鋼とした後,焼入れを行って硬化させる方法。硬化層深さは 0.2 ～ 5mm |
|---|---|---|
| | 固体浸炭 | 木炭と炭酸バリウムを浸炭促進剤とし,900 ～ 950℃で 5 ～ 8 時間加熱する。表面から深さ 1.5mm 程度までが硬くなる。加熱時間で浸炭の程度を調整する |
| | ガス浸炭 | プロパンガスや天然ガスなどで作った浸炭ガスを用い,900℃程度で 3 ～ 4 時間加熱する。浸炭層は 1mm 程度。温度や浸炭ガスの組成で浸炭の程度を調整する |
| | 窒化<br>(ちっか) | 鋼の表面に窒素を浸み込ませて窒化鉄を作り,表面を硬化させる方法。表面硬度 Hv 1,000 程度,深さ 0.3 ～ 0.8mm の硬化が得られる。焼入れや焼戻しの必要がないため,焼割れが発生しない。窒化層は耐摩耗・耐食性に優れる。処理温度は 500 ～ 600℃と低温のため,ひずみは発生しにくい。アンモニアガスを使用する**ガス窒化**,窒素ガスをイオン化して使用する**イオン窒化**などがある |

## 3 熱処理欠陥

熱処理によって起きる材料の欠陥には,次のようなものがあります。

| 変形 | 曲がり・ねじれ・反りなど形状変化。主に冷却のムラによって生じる |
|---|---|
| 変寸<br>(へんすん) | 伸び・縮み・太り・細りなど寸法変化 |
| 置割れ<br>(おきわれ) | 焼入れや焼入れ焼戻しをした鋼を放置していると自然に生じる割れ |
| 焼割れ<br>(やきわれ) | 焼入れ時に加熱されてオーステナイトになった鋼は,水に入れた瞬間は,柔らかく粘りがあるため割れは生じないが,冷えてマルテンサイトになり,縮まっていた鋼が膨張し始めるとき,体積変化により割れが生じる。これを焼割れという。ゆっくり冷却すると焼割れが起きにくい |
| 焼戻し割れ | 焼入れした鋼を焼戻しするとき,急熱・急冷などのために生じる割れ |
| 低温焼戻し脆性<br>(ぜいせい) | 炭素鋼を 200 ～ 400℃で焼き戻したときに,衝撃値が著しく低下してもろくなること。この温度付近での焼戻しは避ける |
| 高温焼戻し脆性 | 炭素鋼を 450 ～ 550℃で焼き戻したときに,衝撃値が著しく低下してもろくなること。この温度付近での焼戻しは避ける |

## 実戦問題

次の各記述について，正しいものには〇，誤っているものには×をつけなさい。

1 焼ならしの主な目的は，焼入れして硬化した材料の粘り強さを高めることである。

2 鋼の表面硬化法の1つであるガス窒化法には，アンモニアガスが用いられる。

3 焼戻しは，焼入れした材料をもとの硬さに戻すために行う。

4 表面硬化法の一種に，高周波焼入れがある。

5 炎焼入れや高周波焼入れには，炭素量 0.3% 以下の鋼が適する。

## 実戦問題 解説

1 焼ならしの主な目的は，組織を均一にし，内部応力を除去することです。

2 記述のとおりです。

3 焼戻しは，硬さを減らし，粘り強さを高めるために行います。

4 記述のとおりです。

5 炭素量 0.30 ～ 0.60% 程度の鋼が適します。

第4章 材料一般

実戦問題 解答● 1 × 2 〇 3 × 4 〇 5 ×

# 第 **5** 章

# 安全衛生

第5章では，機械保全を行う上で，安全面・衛生面で必要となる事項について扱います。

**1 安全衛生**

# 1 安全衛生

**学習のポイント**
機械保全を行う上で，安全面・衛生面で必要となる知識についてみていきます。

## 試験によく出る重要事項

安全衛生とは，労働災害の防止と労働者の健康確保をいいます。安全衛生に関する法令のうち，最も基本となるのが労働基準法で，そのもとに**労働安全衛生法**があり，それに基づき労働安全衛生法施行令や労働安全衛生規則などが定められています。その中で機械保全作業に関わる部分を取り上げます。

### 1 労働安全衛生法

労働災害の防止などにより，職場における労働者の安全と健康を確保するとともに，快適な職場環境の形成を促進することを目的として，安全衛生管理体制の他，危険を伴う設備や有害物，健康の保持増進，技能講習などについて規定しています。特に健康の保持増進に関しては，健康診断，健康管理手帳，健康教育など，労働者の健康管理について細かく規定されています。

労働安全衛生法は働く人の安全と健康を確保するための法律なんですね

### 2 労働安全衛生関係法令

労働安全衛生関係法令のうち機械保全作業に関わるものには，次のようなものがあります。

●**労働安全衛生法**

| 安全管理者 | 機械修理業・自動車整備業・製造業・電気業などで常時50人以上の労働者を使用する事業場では，安全管理者を選任する |
|---|---|
| 特別教育を必要とする業務 | 研削砥石（といし）の取り替えや試運転の業務を労働者に行わせるときは，規定の学科教育を7時間以上，実技教育を3時間以上行う |

●労働安全衛生法施行令

| 作業主任者を選任すべき作業・事業場 | ・高圧室内作業<br>・アセチレン溶接装置，ガス集合溶接装置を用いて行う作業<br>・ボイラ（小型ボイラを除く）取扱いの作業<br>・動力により駆動されるプレス機械を5台以上もつ事業場<br>・木材加工用機械を5台以上もつ事業場 |
|---|---|

●労働安全衛生規則

| 原動機，回転軸などによる危険の防止 | 機械の原動機，回転軸，歯車，プーリ，ベルトなどの労働者に危険を及ぼすおそれがある部分には，覆い・囲い・スリーブを設ける |
|---|---|
| ベルトの切断による危険の防止 | 通路や作業箇所の上にあるベルトで，プーリ間の距離が3m以上，幅が15cm以上，速度が10m/sであるものには，その下方に囲いを設ける |
| 手袋の使用禁止 | ボール盤・面取り盤などの回転する刃物に労働者の手が巻き込まれるおそれがあるときは，その者に手袋を使用させない |
| 研削砥石の試運転 | 研削砥石は，その日の作業を開始する前に1分間以上，新しく取り替えたときには3分間以上試運転をする |
| 研削砥石の側面使用の禁止 | 側面を使用することを目的とする研削砥石以外の研削砥石の側面を使用してはならない |
| 不適格なワイヤロープの使用禁止 | ・著しい形崩れや腐食があるもの<br>・1よりの間で素線数の10%以上が切断しているもの<br>・直径の減少が公称径の7%を超えるもの<br>・キンク（ロープのねじれ）したもの |
| 墜落等による危険の防止 | ・枠組み足場では，交さ筋かいおよび高さ15cm以上40cm以下のさん，または高さ15cm以上の幅木と，手すり枠を設ける<br>・枠組み足場以外の足場では，高さ85cm以上の手すりと中さんなどを設ける<br>・高さが2m以上の作業床の端・開口部などで，墜落により労働者に危険を及ぼすおそれがある箇所には，囲い・手すり・覆いなどを設ける |
| 安全衛生用保護具 | ・グラインダを用いる作業，ガス溶断作業，はつり作業などでは，保護眼鏡を着用する<br>・高さ2m以上で作業床がない場所などでは，安全帯を使用する |
| ガス集合装置の設置 | ガス集合装置は，火気を使用する設備から5m以上離れた場所に設ける |

第**5**章 安全衛生

| ガス集合溶接装置の管理 | ガス集合装置から 5m 以内の場所では，喫煙，火気の使用または火花を発するおそれがある行為を禁止し，かつその旨を見やすい箇所に掲示する |
|---|---|

研削砥石に関してはよく出題されています

## ●クレーン等安全規則

| 玉掛け業務の就業制限 | ・つり上げ荷重が 1t 以上のクレーン，移動式クレーンまたはデリックの玉掛け業務は，玉掛け技能講習を修了した者でなければ就業できない<br>・ワイヤロープ等を用いて玉掛け作業を行うときは，その日の作業を開始する前にワイヤロープ等の異常の有無について点検を行わなければならない |
|---|---|

## ●酸素欠乏症等防止規則

| 酸素欠乏 | ・酸素欠乏とは，空気中の酸素の濃度が 18%未満である状態をいう<br>・酸素欠乏症は，酸素欠乏の空気を吸入することで生じる症状が認められる状態をいう |
|---|---|

## ●消火器の技術上の規格を定める省令

| 消火器の表示 | 消火器は，薬剤の種類により対応する火災が異なるため，表示の色などで識別する<br>・普通火災（木・紙などが燃える火災）の地色は**白色**<br>・油火災（石油類などが燃える火災）の地色は**黄色**<br>・電気火災（電気設備などの火災）の地色は**青色** |
|---|---|

※普通火災，油火災，電気火災はそれぞれ A 火災，B 火災，C 火災ともいう

## ●容器保安規則

| 高圧ガス容器の塗色 | 高圧ガスの種類に応じて次のように定められている。<br>・酸素ガス　　　黒色　　　・液化炭酸ガス　　　緑色<br>・水素ガス　　　赤色　　　・液化アンモニア　　白色<br>・液化塩素　　　黄色　　　・アセチレンガス　　褐 色<br>・その他の種類の高圧ガス　　　ねずみ色 |
|---|---|

## ●研削盤等構造規格

| ストレートフランジの寸法 | ストレートフランジの直径は取り付ける研削砥石の直径の 1/3 以上とする |
|---|---|

## 3 5S 活動

5S 活動とは，安全衛生の基本となる次の 5 つの要素をいいます。

| 整理 | 必要なものと不要なものをはっきり分け，不要なものを捨てること |
|------|--------------------------------------------------|
| 整頓<br>せいとん | 必要なものがすぐに取り出せるように，片づけておくこと |
| 清掃 | 掃除をしてごみや汚れのない状態にすること |
| 清潔<br>せいけつ | 整理・整頓・清掃を実行し，きれいな状態を維持すること |
| しつけ | 決められたことを決められたとおりに行えるようにすること |

### 実戦問題

**次の各記述について，正しいものには〇，誤っているものには×をつけなさい。**

1 労働安全衛生関係法令によると，機械の回転軸，ベルトなどで危険を及ぼすおそれがある部分には，覆い・囲いなどを設けなければならない。

2 消火器に付けられている白色・黄色・青色の円形標識の中で，青色は電気火災に適応していることを意味する。

3 酸素欠乏症等防止規則によると，酸素欠乏とは，空気中の酸素の濃度が16%未満である状態をいう。

4 労働安全衛生関係法令では，健康管理に関しては規定されていない。

5 ボール盤による作業では，切りくずで手を傷つけやすいので，手袋を着用する必要がある。

### 実戦問題 解説

1 記述のとおりです。

2 記述のとおりです。

3 記述中の「16%未満」は，正しくは「18%未満」です。

4 労働安全衛生関係法令には，健康管理に関する項目も規定されています。

5 ボール盤などの回転する刃物に労働者の手が巻き込まれるおそれがあるときは，その者に手袋を使用させてはなりません。

**実戦問題 解答●1 〇  2 〇  3 ×  4 ×  5 ×**

第 **6** 章

# 機械の主要構成要素

第6章では，機械を構成する主な要素の種類・形状などについて扱います。

# 1 ねじ

> **学習のポイント**
> ねじに関する用語やねじの種類・形状などについてみていきます。

　機械を構成する要素を**機械要素**といい，そのうち締結（締付け）に用いられるものに，ねじ，キー，ピンなどがあります。

## 1 ねじ

　**ねじ**（捻子）は，円筒や円錐の面に沿ってらせん状の溝を設けた固着具で，主として別個の部材の締付けに用いられます。

> ねじについては
> よく出題されています

### ●ねじの原理

　ねじは次図のように，円筒に傾斜角βの直角三角形を巻いたときに斜辺 AB が描く**つる巻き線**に突起をつけたものといえます。角βは**リード角**といい，つる巻き線の傾きを表します。つる巻き線とその上の１点を通るねじの軸に平行な平面がなす角を**ねじれ角**といい，リード角とねじれ角の和は 90°です。

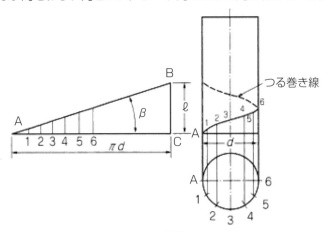

ねじの原理

●**おねじとめねじ**

　ねじにはおねじとめねじがあり，**おねじ**（雄ねじ）は円筒の外面に山があるもの（**ボルト**など）で，**めねじ**（雌ねじ）は円筒の内面に山があるもの（**ナット**など）です。ねじは通常，おねじとめねじを組み合わせて使います。

●**右ねじと左ねじ**

| 右ねじ | 軸方向に見て時計回り（右回り）に回した場合，その人から遠ざかるようなねじ。大半のねじが右ねじ |
| --- | --- |
| 左ねじ | 軸方向に見て反時計回り（左回り）に回した場合，その人から遠ざかるようなねじ。回転方向により右ねじでは緩みやすいような特殊な場合に用いられる |

●**1条ねじと多条ねじ**

| 1条ねじ | 1本のつる巻き線からなるねじ |
| --- | --- |
| 多条ねじ | 複数のつる巻き線からなるねじ。条数が多いほど，1回転あたりの移動距離は大きい |

●**リードとピッチ**

　ねじ山の1点が1回転で軸方向に移動する距離を**リード**，隣り合うねじ山の中心線間の距離を**ピッチ**といいます。$n$条ねじのリードを$L$，ピッチを$P$とすると次式が成り立ちます。

　　　$L=n×P$

●**ねじの呼びと有効径**

| ねじの呼び | ねじの形式と大きさを表す記号。ねじの**呼び径**は，ねじの基本寸法となるもので，通常はおねじの外径寸法で表す。例えば，呼び径が10mmのメートルねじは「M10」が呼びとなる。めねじの場合はこれにはまり合うおねじの外径寸法とする |
| --- | --- |
| ねじの有効径 | ねじの山の幅と谷の幅が等しくなる理論上の円筒の直径のことで，ねじの強度計算や精密な測定をする場合に基本となる寸法。外径寸法が同じ場合，ピッチの小さいほうが有効径は大きくなる。有効径の測定には三針法*を用いる |

＊三針法：3本の針と外側マイクロメータを用いた測定法

●**並目ねじと細目ねじ**

| 並目ねじ | ピッチの大きさが標準的なねじ。広く使用されている |
| --- | --- |
| 細目ねじ | 並目ねじよりピッチが小さいねじ。薄板や薄肉材料の締付けに適する |

　外径寸法が同じ場合，細目ねじのほうが並目ねじより有効径が大きく，ねじの強度や締付け力も大きくなります。

## ●ねじ山の各部名称

ねじ山の各部名称は右図のとおりです。山の頂と谷底とを連絡する面を**フランク**といい，軸線を含む断面で，軸線に直角な直線とフランクがなす角を**フランク角**といいます。

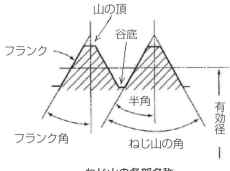

ねじ山の各部名称

# 2 ねじの種類

| 三角ねじ | ねじ山の角度が 60°のねじ。摩擦が大きいため緩みが少なく，締結用では最も一般的に用いられる。メートル並目ねじ，メートル細目ねじ（記号はともに M）の他，ユニファイ並目ねじ（UNC），ユニファイ細目ねじ（UNF）がある |
|---|---|
| 管用ねじ<br>(くだよう) | 三角ねじのねじ山の角度を 55°としたもの。ガス管や配管接続に用いられる。平行ねじとテーパねじの 2 種類がある。平行おねじ（G）には平行めねじを，テーパおねじ（R）にはテーパめねじ（Rc）かテーパおねじ用平行めねじ（Rp）を組み合わせる。テーパねじはおねじ・めねじとも <u>1/16 のテーパ</u>があり，ねじ部の耐密性が高い |
| 角ねじ<br>(かく) | ねじ山の断面が正方形に近いねじ。三角ねじに比べて摩擦抵抗が小さいため効率が高い。大きな力の伝達に適し，プレスやジャッキなどに用いる。<u>加工が困難</u>で，高精度のねじが作りにくい。ねじ面が直角のため<u>有効径はない</u> |
| 台形ねじ | ねじ山の断面が台形のねじ。記号：Tr。メートルねじとインチねじがあり，ねじ山の角度はそれぞれ 30°，29°である。角ねじに比べて<u>加工が容易</u>で，高精度のねじが作れる。強度に優れ，正確な伝動に適する。用途は工作機械の送りねじ，旋盤の親ねじ，万力など |

82

| 丸ねじ | ねじ山の断面が円弧状のねじ。成型が容易。精度が不要で，力がかからないところに用いる。電球の口金や受け金に用いられる丸ねじを電球ねじ（E）という |
|---|---|
| のこ歯ねじ | ねじ山の断面がのこぎり歯形のねじ。力を受けない面のねじ山の角度は 30°で，力を受ける面は軸にほぼ垂直。万力やジャッキなど，力が一方向にだけ働く場合に用いる。加工が容易 |
| ボールねじ | おねじとめねじの間に多数の鋼球を入れたもの。鋼球を介してねじの運動を伝達する。摩擦抵抗が非常に小さい。バックラッシがほとんどない。数値制御工作機械など，高精度な送りを必要とする機械に用いる |
| 特殊用ねじ | ミシン用ねじ，自転車ねじ，電線管ねじなど |

第6章 機械の主要構成要素

**問題1　ねじに関する記述のうち，適切でないものはどれか。**

イ　ねじの強度は，有効径によって評価される。

ロ　有効径の測定には，三針法が用いられる。

ハ　管用平行ねじを表す記号はGである。

ニ　メートル並目ねじの，ねじ山の角度は55°である。

**問題2　ねじに関する記述のうち，適切なものはどれか。**

イ　管用テーパねじは，おねじ・めねじとも1/16のテーパがあり，ねじ部に耐密性が持たせられない。

ロ　管用テーパおねじ（R）は，管用テーパめねじ（Rc）か管用平行めねじ（Rp）に対して用いることができる。

ハ　角ねじは，ねじ山の断面が正方形に近いねじで，ねじ面が直角のため，有効径がある。

ニ　台形ねじは，数値制御工作機械の送りねじに最も多く用いられている。

───────── **実戦問題 解説** ─────────

**問題1**

ニ　メートル並目ねじの，ねじ山の角度は60°です。

**問題2**

イ　管用テーパねじは，ねじ部に耐密性が持たせられます。

ハ　角ねじは，ねじ面が直角のため，有効径がありません。

ニ　数値制御工作機械の送りねじに最も多く用いられているのは，ボールねじです。

# 2 ボルト，ナットなど 重要度★★☆

**学習のポイント**

ボルト，ナット，座金などの種類・形状などについてみていきます。

## 試験によく出る重要事項

### 1 ボルト

**ボルト**はねじの一種で，一般にナットと組み合わせて物体を締め付けるのに用いる部品です。材質は，鋼・ステンレス・アルミ合金などさまざまです。なお，ボルトの大きさは，ねじの呼び×首下長さで表します。

●ボルトの締結方法

ボルトを締め付ける方法には，次のようなものがあります。

| 通しボルト | 穴にボルトを通し，先端のねじ部にナットをはめこんで締め付ける方法。穴はボルト外径より 1 ～ 2mm 程度大きい。最も一般的 |
|---|---|
| リーマボルト | リーマ仕上げした穴にしっくりはめ込んで締め付ける方法。ボルトと穴の間に遊びがほとんどなく，取り付け精度が高い。ずれ止めの役目をする。ボルトにせん断荷重が働くような場合に用いる |
| ねじ込みボルト | ナットは用いず，ボルトをねじ込んで締め付ける方法。押さえボルト，タップボルトともいう |
| 両ナットボルト | 両端にねじを切ったボルトを用い，両端をナットで締め付ける方法。通しボルトが通せない場合などに用いる |
| 植え込みボルト | 両端にねじを切ったボルトの一端を機械本体などに植え込み，他端をナットで締め付ける方法。ナットだけ外せば分解できる |

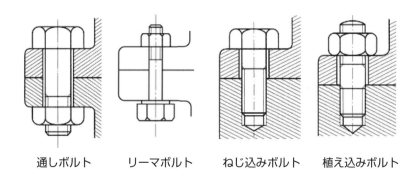

通しボルト　　リーマボルト　　ねじ込みボルト　　植え込みボルト

## ●ボルトの種類

ボルトには次のような種類があります。

| 基礎ボルト | 機械などを据えつけるため，コンクリートの基礎などに埋め込むボルト。アンカーボルトともいう |
|---|---|
| Ｔ溝ボルト | Ｔ型の溝に頭部をはめて移動し，任意の位置に固定できるボルト。片端にねじが切られ，ナットで締め付ける |
| 控えボルト | 機械部品の間隔を保つために用いるボルト。両端にねじを切ってある。ボルトに段付き部を設けたり，隔て管を入れたりして，ナットで間隔を調節する |
| アイボルト | 頭部がリング状をしたボルト。機械や装置などの重量物を吊り上げるときに用いる |
| 六角ボルト | 頭部が六角柱形のボルト。一般に六角ナットをはめ合わせる。機械部品や構造物の締結に広く用いられる<br>**フランジ付き六角ボルト**　座面を広くするため，円錐状のつば（フランジ）がついた六角ボルト。緩み止めの効果がある |
| 蝶ボルト | 頭部が蝶の羽のような形状のボルト。工具がなくても手で締付けができる。つまみボルトともいう |

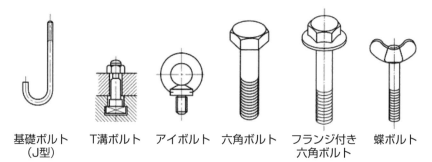

基礎ボルト　　Ｔ溝ボルト　　アイボルト　　六角ボルト　　フランジ付き　　蝶ボルト
（Ｊ型）　　　　　　　　　　　　　　　　　　　　　　　　六角ボルト

# 2 ナット

**ナット**はねじの一種で，中央にめねじが切られ，ボルトと組み合わせて物体を締め付けるのに用います。なお，ナットの大きさは，ねじの呼びで表します。

●**ナットの種類**

ナットには次のような種類があります。

| | |
|---|---|
| 六角ナット | 六角柱にめねじが切られたナット。最も一般的に用いられている<br>**フランジ付き六角ナット** 座面を広くするため，円錐状のつば（フランジ）がついた六角ナット。緩み止めの効果がある<br>**溝付き六角ナット** 六角ナットに溝をつけたもの。キャッスルナットともいう。緩み止めの効果がある。割りピンと併用する |
| 四角ナット | 外径がほぼ正方形のナット。建築用・木工用などに用いられる |
| 蝶ナット | 頭部が蝶の羽のような形状のナット。工具がなくても手で締付けができる。つまみナットともいう |
| 袋ナット | ねじ穴の一方が半球状に閉じたナット。ねじ部から流体が漏れるのを防ぐ場合などに用いる |

  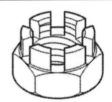

六角ナット　フランジ付き六角ナット　溝付き六角ナット

  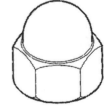

四角ナット　　　蝶ナット　　　　袋ナット

●**ナットの緩み止め**

振動や衝撃などによってナットが緩むのを防ぐ方法に，**ダブルナット**があり

ます。これはナットを2つ重ねて締め付ける方法で，二重ナットともいいます。ダブルナットを採用するときは，薄いナットを先に締め付けます。

## 3 座金

座金（ワッシャ）とは，ボルトやナットなどの締付け部品の座面と，締め付けられる物体の間にはさむ薄い金属板のことで，次のような場合に用います。
・ボルト穴の径がボルトに対して大きすぎる場合
・座面が平らでないときや粗いときなど，締付け力が均等にかからない場合
・回転や振動のためにボルト・ナットが緩んだり抜け落ちるおそれがある場合

### ●座金の種類

座金には次のような種類があります。

| | |
|---|---|
| 平座金 | 鋼の平板状の座金。形状は通常円形で，木材用のものは四角形。四角形のものを特に**角座金**という。接触面積を増やして力を分散し，締付けを安定させるために用いる |
| 舌付き座金 | 平座金の一部に突き出た部分（舌）がある座金。舌が回り止めの働きをする。舌は折り曲げて用いる |
| つめ付き座金 | 平座金の一部につめ状の突起部を設け，その部分を折り曲げて回り止めとした座金。外つめ付き座金と内つめ付き座金があり，いずれも緩み止めの効果がある |
| ばね座金 | 平座金の一部を切断し，切り口をねじってばね作用をもたせた座金。弾力性があるため，緩み止めの効果がある。左ねじには右巻きのものを，右ねじには左巻きのものを用いる。スプリングワッシャともいう |
| 皿ばね座金 | 底がない皿の形にしてばね作用をもたせた座金 |
| 歯付き座金 | 座金の外周や内周に等間隔で歯をつけた座金。歯のばね作用を利用したもので，緩み止めの効果がある。軟らかい座面には不適。その形状から**菊座金**ともいわれる |

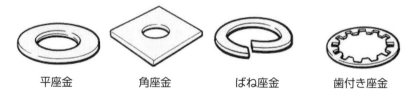

平座金 角座金 ばね座金 歯付き座金

# 4 キー

**キー**（マシンキー）は，回転軸に歯車，プーリなどの回転体（ボス）を固定するための機械要素です。キーを差し込む穴をキー溝といいます。

## ●キーの種類

キーには次のような種類があります。

| | |
|---|---|
| 沈みキー | 回転軸とボスの両方にキー溝を切り，棒状のキーをはめ込むもの。最も一般的に用いられる。高速回転用・重荷重用に適する。キーに勾配がない**平行キー**（植込みキー）と，抜け出るのを防ぐためキーに1/100の勾配をつけた**勾配キー**（打込みキー）がある |
| 平キー | ボスにのみキー溝を切り，軸はキー幅分だけ平らに削り，1/100テーパのキーを打ち込むもの。伝達能力は低いが鞍キーよりは高い。回転方向が変わると緩みやすい |
| 鞍キー | ボスのみにキー溝を切り，軸は加工せずに，1/100テーパのキーを打ち込むもの。軸との固定が摩擦力だけなので，大きな荷重が働く場合や回転方向が反転する場合には不適。大きなトルクは伝えられない。軸の任意の箇所にボスが固定できる |
| 半月キー | 半円板形のキーを溝にはめ込み，ボスを取り付けて固定させるもの。キーが溝の中で動くため，取り付けや取り外しが容易。他のキーに比べてキー溝が深く，軸強度が弱くなる。あまり大きな力のかからない小径の軸に用いる |
| 接線キー | キー溝を軸の接線方向に作り，勾配のついた2本のキーを互いに反対方向に打ち込むもの。大きなトルクの伝達が可能。軸と穴のガタをとることが可能。回転方向が正逆に変化する場合に適する |
| 滑りキー | キーを軸やボスにボルトで固定し，スライドできるようにしたもの。キーには勾配がない。伝達能力は低い。クラッチや変速機に用いる |

平行キー

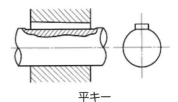

平キー

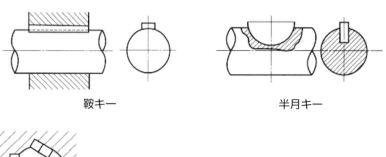

鞍キー                              半月キー

接線キー

## 5 ピン

　ピン（pin）とは，機械部品の穴などに差し込み，複数の物体を固定するための細い棒状の機械要素です。

### ●ピンの種類

　ピンには次のような種類があります。

| | |
|---|---|
| 平行ピン | 径の小さい鋼製の円筒丸棒。2つの機械部品の位置を正確に保つために用いる。ピンの大きさは呼び径と長さで表す（単位はいずれもmm） |
| テーパピン | 断面が円形で，テーパ（通常 1/50）がついたピン。軸とボスを固定する場合に用いる。呼び径は小端部の直径で表す |
| 割りピン | 針金を2つ折りにしたもの。ナットなどの回り止めや，軸にはめた輪の脱落を防ぐために用いる。穴に差し込み，脚を開いて固定する |

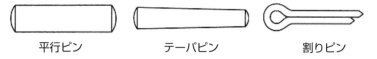

平行ピン                テーパピン                割りピン

## 6 コッタ

　コッタとは，厚さが一定で幅に勾配のある板状のクサビ（楔）です。軸と軸を軸方向の緩みがないようにつなぐのに用いられ，着脱は簡単です。両側勾配のものと片側勾配のものがあり，勾配はよく抜き差しする場合には 1/5 〜

1/10 程度，あまり抜き差ししない場合には 1/20 ～ 1/50 程度とします。

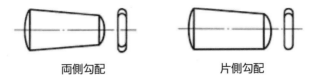

両側勾配　　　　　　　　　片側勾配

## **7** **止め輪**

**止め輪**は，軸や穴の壁に溝をつけ，その溝にはめて軸に取り付けた部品などの軸方向の動きを止めるリング状の機械要素です。スナップリングともいい，部品の位置決めなどに用います。

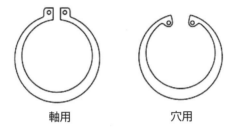

軸用　　　　　　　　　穴用

軸用は開いて軸の溝に入れ，
穴用は締めて穴の溝に入れます

**問題1　機械要素に関する記述のうち，適切なものはどれか。**

イ　控えボルトは，機械などを固定するため，コンクリートの基礎などに埋め込むものである。

ロ　T溝ボルトは，両端にねじが切ってあり，T溝ナットと組み合わせて用いる。

ハ　鞍キーは，厚さに勾配をつけて，打ち込みによる摩擦力だけでトルクを伝達するため，大きなトルクは伝達できない。

ニ　半月キーは，他のキーに比べて軸強度が弱くならない。

**問題2　座金に関する記述のうち，適切でないものはどれか。**

イ　平座金は，ボルトなどの締付け部品の座面と，締め付けられる物体の間にはさむ座金である。

ロ　皿ばね座金は，平板状をした座金で，緩み止めの効果がある。

ハ　ばね座金は，ばね作用をもたせた座金で，緩み止めの効果がある。

ニ　歯付き座金は，回り止めの効果のある歯が設けられたばね座金である。

---
### 実戦問題　解説
---

**問題1**

イ　控えボルトは，機械部品の間隔を保つために用いるボルトです。

ロ　T溝ボルトは，片端にねじが切られています。

ニ　半月キーは，他のキーに比べてキー溝が深く，軸強度が弱くなります。

**問題2**

ロ　皿ばね座金は，底がない皿の形にしてばね作用をもたせた座金です。

# 3 歯車

**学習のポイント**
歯車に関する用語や歯車の種類・形状などについてみていきます。

## 試験によく出る重要事項

### 1 歯車

　**歯車**とは，次々に噛み合う歯により動力を伝達（**伝動**）する機械要素をいい，2つを組み合わせて用います。ギア（JIS表記はギヤ）ともいいます。

　動力を伝えるものを**原節**，動力が伝えられるものを**従節**といいます。また，一対の歯車のうち，歯数の多いほうを大歯車（ギヤ），歯数の少ないほうを小歯車（ピニオン）ということもあります。

　歯車に関しては非常によく出題されています

### 2 歯車の各部名称

歯車の各部名称は次のようになっています。

| ピッチ点 | 歯車と歯車が噛み合う点 |
|---|---|
| ピッチ円 | ピッチ点を結んだ円。ピッチ円の直径は歯車の大きさを表す基準となる |
| 円ピッチ | 歯車の歯の，ある1点から次の歯の同じ点までの円弧の長さ。円周ピッチともいう |
| ピッチ面 | 2つの歯車の噛み合い運動を扱うために仮想される，互いに転がり接触する曲面のこと。円筒か円錐面となる |
| 歯先円<br>（はさきえん） | 歯の先端を結んだ円。この直径を歯先円直径という |
| 歯底円<br>（はぞこえん） | 歯の根元を結んだ円。この直径を歯底円直径という |
| 歯溝の幅<br>（はみぞ） | ピッチ円周上における，歯と歯のすき間の長さ |
| 歯幅<br>（はばば） | 歯車の軸方向に測った歯の長さ。歯の奥行き |
| 歯厚<br>（はあつ） | 歯の厚さ。ピッチ円周上における歯の厚さを円弧歯厚という。弦の長さで表した歯厚を弦歯厚という |

| 歯末のたけ | ピッチ円から歯先円までの距離 |
|---|---|
| 歯元のたけ | ピッチ円から歯底円までの距離 |
| 全歯たけ | 歯末のたけと歯元のたけの和。歯の高さ |
| 歯面 | 歯の表面。歯面のうち，ピッチ円より外側を歯末の面，内側を歯元の面という |
| 基礎円 | インボリュート歯形（P.95）の基礎となる円 |
| 頂げき | 歯車の歯先円から，それと噛み合う歯車の歯底円までの距離 |

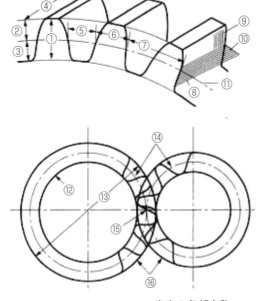

① 全歯たけ
② 歯末のたけ
③ 歯元のたけ
④ 歯幅
⑤ 歯溝の幅
⑥ 円弧歯厚
⑦ 円ピッチ
⑧ 歯元の面
⑨ 歯末の面
⑩ ピッチ面
⑪ ピッチ円
⑫ 歯底円
⑬ 外径
⑭ ピッチ円
⑮ ピッチ点
⑯ 歯先円

歯車の各部名称

## ●バックラッシと圧力角

| バックラッシ | 一対の歯車を噛み合わせたときの歯面間のすき間（遊び）のこと。滑らかな回転のためには，適切なバックラッシが必要。バックラッシが小さすぎると歯面どうしの摩擦が大きくなり，逆に大きすぎると騒音・振動や歯車の破損につながる |
|---|---|

| 圧力角 | 歯面の1点における，その半径線と歯面の接線とのなす角度。<u>歯が噛み合うときの力の方向を決めるもの</u>。圧力角は 20° が主流で，14.5° の場合もある。圧力角を大きくすると，<u>歯元が厚くなり歯の強さが増す</u>一方で，動力の損失は大きくなり，騒音・振動が発生しやすくなる |
|---|---|

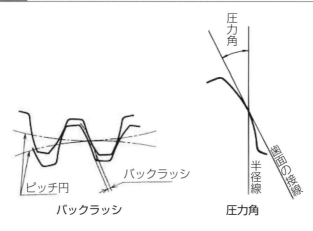

| バックラッシ | 圧力角 |
|:---:|:---:|

## 3 歯車の歯形

　歯車の歯形には，インボリュート歯形とサイクロイド歯形があり，特殊な場合を除いてインボリュート歯形が用いられます。

| インボリュート歯形 | インボリュート曲線を描く歯形。歯面が同一曲線のため，中心距離が多少違っても正しく噛み合う。製作しやすく<u>互換性も高い</u>ため，<u>動力伝達用の歯車</u>などに用いられる。歯形がインボリュートである歯車をインボリュート歯車という。<br>**インボリュート曲線**　円に巻きつけた糸を引っ張りながらほどいていくとき，糸のある1点が描く曲線のこと。単にインボリュートともいう |
|---|---|
| サイクロイド歯形 | 歯末が外転サイクロイド曲線，歯元が内転サイクロイド曲線を描く歯形。歯先と歯元の曲線が異なるため，噛み合いに精度が必要で製作が困難な一方，噛み合い時に滑りがないため回転がスムーズで歯面が摩耗しにくく，<u>騒音も低い</u>。用途は時計，特殊な計器など。歯形がサイクロイドである歯車をサイクロイド歯車という。<br>**サイクロイド曲線**　1つの円が，他の円の外側を転がるとき，転がり円上の1点が描く曲線を外転サイクロイド曲線といい，内側を転がるときの曲線を内転サイクロイド曲線といい，両者をまとめてサイクロイド曲線（あるいは単にサイクロイド）という |

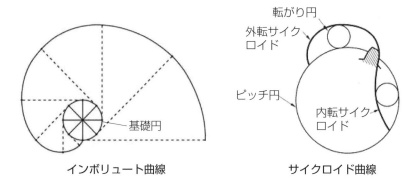

インボリュート曲線 サイクロイド曲線

## 4 モジュール

**モジュール**とは，歯の大きさを mm 単位で表したものをいい，モジュールは次式で表されます。

$$モジュール＝\frac{ピッチ円の直径}{歯の数}$$

モジュールが等しい歯車だけが滑らかに回転することができます。標準歯車（並歯）では，歯末のたけがモジュールと同じ値です。モジュールの値が大きいほど歯は大きくなります。

また，円ピッチは次式で表されます。

$$円ピッチ＝\pi×モジュール＝\frac{ピッチ円周}{歯の数}$$

## 5 基準ラックと標準平歯車

歯車のピッチ円を直線として，歯車の歯を直線に並べたものをラックといい，ラックの歯形をピッチに応じて規定したものを**基準ラック**といいます。基準ラックを歯切り工具として，そのピッチ線を歯車のピッチ円に接するように歯車を切ったものを，**標準平歯車**といいます。

### ●標準平歯車の各部寸法

標準平歯車の各部寸法は，次のようにモジュール（$m$）で表されます。

| 歯末のたけ | $m$ | 円ピッチ | $\pi m$ |
|---|---|---|---|
| 歯元のたけ | $\geqq 1.25m$ | 円弧歯厚 | $\dfrac{\pi m}{2}$ |
| 頂げき | $\geqq 0.25m$ | ピッチ円直径 | $Zm$ |

| 全歯たけ | ≧2.25m | |
|---|---|---|

$Z$：歯数

## 6 歯の干渉と転位歯車

　インボリュート歯車では，歯数の少ない場合や歯数比が大きい場合に，一方の歯車の歯先が他方の歯車の歯元に当たり，正常な噛み合いができないことがあり，これを**歯の干渉**といいます。

### ●アンダカット

　歯車を切削するときに，歯数が少ないと歯の干渉が起き，歯元の一部が削り取られることを**アンダカット**（歯の切り下げ）といいます。切り下げられた歯は使用できる歯面が短くなり，歯の強さが低下します。

　また，歯車が滑らかに回転するためには，常に一対の歯が接触していなければならず，この噛み合い長さに相当する円弧の長さと円ピッチの比を**噛み合い率**といい，これが大きいほど回転は滑らかになります。

アンダカット

### ●転位歯車

　インボリュート歯車で，標準歯車を切削するときよりも工具の位置を前後にずらして歯切りした歯車を**転位歯車**といいます。歯車の外側にずらす場合をプラス転位，中心側にずらす場合をマイナス転位といい，工具をずらす量を**転位量**といいます。一対の歯車で，小歯車の歯末のたけを長く，歯元のたけを短くするように切削する（プラス転位）とアンダカットが避けられます。

　転位の短所としては，噛み合い圧力角が増加して軸受への圧力が大きくなることが挙げられます。

### ●クラウニング

　歯の歯幅方向に適切な丸みをつける加工を**クラウニング**といいます。この加工により，歯幅端部の悪い歯当たりを防ぎます。クラウニングを大きくつけると，歯当たりは小さくなります。

クラウニング

## 7 歯車列

**歯車列**とは，動力の伝達や目的の速度比（回転比）を得るために，いくつかの歯車を組み合わせて作った装置をいいます。

2つの歯車が互いに噛み合っているとき，速度比 $i$ は，次のように表されます。歯数と回転数は逆比例の関係にあります。

$$速度比 \quad i = \frac{N_B}{N_A} = \frac{D_A}{D_B} = \frac{Z_A}{Z_B}$$

ここで，$N$：回転数，$D$：ピッチ円の直径，$Z$：歯数，A：原動車（駆動車），B：従動車

速度比が大きすぎると噛み合いの不具合が起きやすいので，$i$ は通常の伝動歯車で 1/5 以下，クレーンなどで 1/6 以下とされます。なお，原動車と従動車の間に別の歯車（遊び歯車）が入れられた場合，回転の向きが反転する一方で，速度比に影響はありません。

## 8 歯車の種類と用途

### ● 2軸が平行な歯車

| | |
|---|---|
| 平歯車（ひらばぐるま） | 歯すじが軸に平行な直線である円筒歯車。**スパーギヤ**ともいう。平行な2軸間に回転運動を伝える。軸方向に力がかからない。容易かつ安価で製作できる。外歯平歯車と内歯平歯車がある |
| 外歯平歯車（そとばひらばぐるま） | 歯車どうしが外接する。2軸の回転方向が逆。高速回転の場合には，騒音が起こりやすい。動力伝達用に最も多く用いられる。単に平歯車といった場合，外歯平歯車を指す |
| 内歯平歯車（うちばひらばぐるま） | 円筒の外側に歯をもつ小歯車が，内側に歯をもつ大歯車（**内歯車**）に内接する。2軸の回転方向が同じ。高い減速比が得られる。一般に小歯車から大歯車へ回転を伝える。一般に遊星歯車機構を構成する。動力伝達用。減速機やクラッチに用いられる |
| はすば歯車（斜歯歯車） | 歯すじが軸に対して斜めにらせん状についた歯車。**ヘリカルギヤ**ともいう。平行な2軸間に回転運動を伝える。製作は困難。噛み合い率が大きく，平歯車より強度が高い。荷重が徐々に移るため，噛み合いが円滑。衝撃・騒音が少ない。軸方向に推力がかかる |
| やまば歯車（山歯歯車） | ねじれ方向が逆のはすば歯車を組み合わせたもの。**ダブルヘリカルギヤ**ともいう。軸方向に推力がかからない。高速回転でも円滑な回転が可能で，強度も高い。伝動が静かで高効率。製作は困難。用途は**大動力伝達**（大型減速機，製鉄用圧延機）など |

| ラック＆ピニオン | ラックとピニオン（小歯車）を組み合わせたもの。回転運動と直線運動との変換が可能。用途は工作機械や印刷機械の摺動装置や自動車のステアリング装置など |

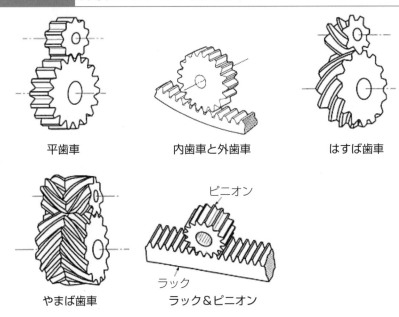

平歯車　　　　　内歯車と外歯車　　　　はすば歯車

やまば歯車　　　　ラック＆ピニオン

● 2軸が交わる歯車

　2軸が交わる歯車を**かさ歯車**（ベベルギヤ）といいます。円錐台の側面に歯を刻んだ歯車で，傘のような形をしています。交差する2軸間に回転運動を伝えるもので，歯の寸法（ピッチ，モジュールなど）は外端部によります。なお，歯数の等しい一対のかさ歯車を**マイタ歯車**といいます。

| すぐばかさ歯車<br>（直歯傘歯車） | 直線状の歯すじが円錐の頂点に向かっているかさ歯車。製作は容易。軸方向にかかる力は小さい。伝動力が大きい場合は通常用いない。用途は工作機械，印刷機械，差動装置など |
| はすばかさ歯車<br>（斜歯傘歯車） | 直線状の歯すじが円錐の頂点に向かっていないかさ歯車。歯当たり面積がすぐばかさ歯車より大きいため，静かで強度も高い。用途は大型減速機など |
| まがりばかさ歯車<br>（曲歯傘歯車） | 歯すじが曲線状のかさ歯車。歯当たり面積・強度・耐久力が，すぐばかさ歯車やはすばかさ歯車に比べて大きい。音が静かで高効率。減速比が大きく取れる。高負荷・高速回転に適する。製作は困難。用途は自動車の差動装置，工作機械など |

| ゼロールベベル<br>ギヤ | ねじれ角がゼロ度のまがりばかさ歯車。まがりばかさ歯車に比べて軸方向の推力が小さい。用途は差動装置や減速機など |
|---|---|
| 冠歯車 | ピッチ面が平らで，歯が回転軸に垂直についたかさ歯車。王冠のような形をしている。クラウンギヤともいう |

すぐばかさ歯車

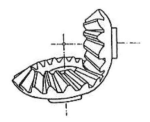

はすばかさ歯車

まがりばかさ歯車

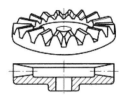

冠歯車

## ●2軸が平行でもなく交わりもしない歯車

| ねじ歯車 | はすば歯車の軸を食い違えて噛み合わせたもの。高効率で静かな回転が得られる。減速や増速ができる。滑り接触のため摩耗しやすく，大動力伝達には不向き。用途は自動車の駆動装置，自動機械などの複雑な回転運動をするものなど |
|---|---|
| ハイポイドギヤ | まがりばかさ歯車の軸を食い違う形で噛み合わせたもの。歯当たり面積が大きく，静かな回転が得られる。製作は困難。2軸の食い違い距離を大きくしたものを，特にスピロイドギヤという。用途は，自動車の減速機など |
| フェースギヤ | 円盤状の歯車と，これと噛み合う平歯車またははすば歯車の対をいう。2軸は交わる場合と食い違う場合があるが，一般には直角に交わる。大動力伝達には不向き。用途はおもちゃなど |

| ウォームギヤ (ウォーム歯車) | ウォーム（ねじ状歯車）と，これと噛み合うウォームホイール（円盤状歯車）の対をいう。セルフロック（自動締まり）機能がある。小型で大きな減速比が得られる。噛み合いが静かで円滑。摩擦が大きいため効率はあまり良くない。りん青銅製のものは焼付きを生じにくい。円筒ウォームギヤと鼓形ウォームギヤがあり，後者は前者に比べて製作が困難だが，大きな動力を伝達できる。用途は減速装置，工作機械，チェーンブロック，ウィンチなど幅広い<br>**回転比**　ウォームとウォームホイールの回転比は，ウォームのねじ条数を $Z_A$，回転数を $N_A$ とし，ウォームホイールの歯数を $Z_B$，回転数を $N_B$ としたとき $Z_A \times N_A = Z_B \times N_B$ となる |
|---|---|

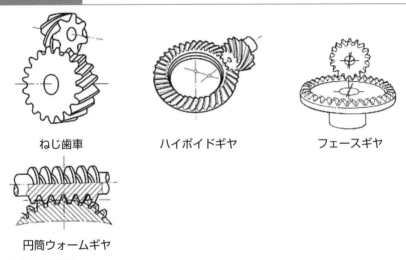

ねじ歯車　　　　ハイポイドギヤ　　　　フェースギヤ

円筒ウォームギヤ

## ●歯車関連機構

| 遊星歯車装置<br>（ゆうせい） | 噛み合っている一対の歯車において，2つの歯車がそれぞれ回転すると同時に，一方の歯車が他方の歯車の軸を中心にして公転する装置をいう。中心軸に取り付けられた外歯車を**太陽歯車**，中心軸の周りを公転する歯車を**遊星歯車**という。大きい減速比が得られる。用途は自動車のデファレンシャルギヤ，高速回転の減速装置など |
|---|---|

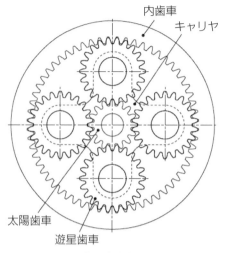

内歯車

キャリヤ

太陽歯車

遊星歯車

遊星歯車装置

## 実戦問題

**問題1　歯車に関する記述のうち，適切でないものはどれか。**

イ　平歯車は，歯すじが軸に平行で直線である。

ロ　ラック＆ピニオンは，ピッチ円の直径を無限大にした歯車と軸が平行の小歯車を噛み合わせたものである。

ハ　やまば歯車は，軸が平行で，歯すじがつる巻き線である。

ニ　はすば歯車は，平歯車より強度が高い。

**問題2　歯車に関する記述のうち，適切なものはどれか。**

イ　りん青銅製のウォームギヤは，焼付きを起こしやすい。

ロ　バックラッシとは，歯先円と相手の歯底円とのすき間をいう。

ハ　まがりばかさ歯車は，すぐばかさ歯車に比べて，強度や耐久性が小さい。

ニ　ウォーム減速装置の特徴の１つに，セルフロック（自動締まり）機能がある。

━━━━━━━━━━ **実戦問題 解説** ━━━━━━━━━━

**問題1**

**ハ** やまば歯車は，ねじれ方向が逆のはすば歯車を組み合わせたものです。

**問題2**

**イ** りん青銅製のウォームギヤは，焼付きを起こしにくいです。

**ロ** バックラッシとは，一対の歯車を噛み合わせたときの歯面間のすき間をいいます。

**ハ** まがりばかさ歯車は，すぐばかさ歯車に比べて，強度・耐久性に優れます。

# 4 巻掛け伝動装置

重要度★★☆

**学習のポイント**
ベルトやチェーンを使った伝動装置の特徴などについてみていきます。

## 試験によく出る重要事項

伝動用の機械要素には歯車の他に，巻掛け伝動装置があります。

## 1 巻掛け伝動装置

**巻掛け伝動装置**とは，回転する軸に取り付けた車にベルト，チェーン（鎖）など，曲げたわませることができる長い物体を巻きつけて動力を伝達する装置です。

### ●巻掛け伝動装置の種類

| ベルト伝動 | ベルトをプーリ（ベルト車）に巻きつける |
| --- | --- |
| チェーン伝動 | チェーンをスプロケット（鎖車）に巻きつける |

### ●適用範囲

巻掛け伝動装置の駆動軸と従動軸の軸間距離や速度比などは，次に示す範囲内に収めるようにします。

| 種類 | 軸間距離 | 速度比 | | 速度 |
| --- | --- | --- | --- | --- |
| | | 通常 | 最大 | |
| 平ベルト | 10m 以下 | 1～6 | 8 | 10～30m/s |
| V ベルト | 5m 以下 | 1～7 | 10 | 10～15m/s |
| チェーン | 4m 以下 | 1～5 | 8 | 5m/s 以下 |

## 2 ベルト伝動

### ●ベルトの種類

伝動用のベルトの種類には，次のようなものがあります。

| 平ベルト | 断面が長方形。伸びが少なく摩擦係数の大きい**皮ベルト**，湿気・酸に強く皮ベルトより丈夫な**ゴムベルト**，耐熱性に優れ皮ベルトより丈夫な**木綿ベルト**，引張強さが大きい**スチールベルト**などがある。2 軸が平行でなくても使用できる |
| --- | --- |

| Vベルト | 断面が台形。V字型の溝をもつプーリ（Vベルト車）に掛けて用いる。ベルトの断面形状の角度は40°が標準。通常2軸間に平行に掛ける | <br>Vベルトの断面 |
|---|---|---|
| 歯付きベルト | 等間隔に歯がついたベルト。プーリの歯と噛み合わせて用いる。**タイミングベルト**。Vベルトに比べて伸びが少なく，交換後も調整がほとんど必要ない | |

### ●ベルト伝動の特徴

| 平ベルト伝動 | ベルトとプーリに多少の滑りが発生するため，正確な回転比や大きいトルクは得られない。軸間距離が長い場合に適する |
|---|---|
| Vベルト伝動 | ベルト側面での摩擦力が大きいため，軸間距離が短い場合に適する。滑りが少なく運動が静かで，回転比が大きくとれる。大きな伝動が可能。通常，ベルトの底面とプーリの溝の底との間に適度なすき間がある |
| 歯付きベルト伝動 | 滑りがなく高効率。回転比が大きくとれる。高速伝動が可能。伸びが少ない |

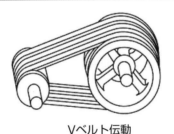

Vベルト伝動

### ●ベルトの掛け方

ベルトの掛け方には，次のようなものがあります。

| 2軸が平行でプーリが同一平面上にあるもの | オープンベルト（平行掛け） | 原動車と従動車が同じ方向に回転 |
|---|---|---|
| | クロスベルト（十字掛け） | 原動車と従動車が逆の方向に回転。ベルトどうしがこすれて傷みやすい |

| 2軸が平行でないもの | 案内車（アイドラ）を利用したもの | 原動車と従動車の間に別の車を入れる。案内車にはベルトのはずれやばたつきを防止する効果がある |
|---|---|---|

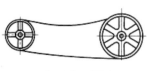

オープンベルト

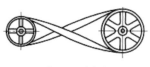

クロスベルト

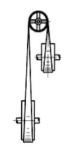

案内車を利用したもの

## 3 チェーン伝動

　**チェーン伝動**は，チェーンがスプロケットに掛かるため，滑りがなく一定の速度比が得られ，軸間距離が短い場合に適します。効率が良く，大きな動力を一定速度で伝達できます。一般に騒音・振動が生じやすく，高速回転には適しません。

### ●チェーンの種類

　伝動用のチェーンの種類には，次のようなものがあります。

| ローラチェーン | 繭（まゆ）形をした鋼板製のリンクプレートをピンでつなぎ，これにローラを入れたチェーン。単列のものと多列のものがあり，いずれも高・中荷重用に使われる。主にカムシャフト駆動に用いる。高速になると騒音を生じる |
|---|---|
| サイレントチェーン | 特殊な形状のリンクプレートを多数重ねてピンでつないだもの。リンクプレートの両側の斜面がスプロケットの歯に密着しているため，騒音の発生が少ない |

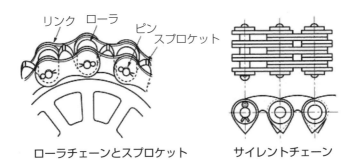

リンク　ローラ　ピン　スプロケット

ローラチェーンとスプロケット　　サイレントチェーン

## 実戦問題

**問題1　機械要素に関する記述のうち，適切でないものはどれか。**

イ　Vベルトの断面形状の角度は，すべて40°が標準である。

ロ　平ベルトは，2軸が平行でなければ使用できない。

ハ　Vベルト駆動では，ベルトの底面とプーリの溝底の間に適切なすき間があるのが正常である。

ニ　歯付きベルトは，タイミングベルトとも呼ばれ，Vベルトに比べて伸びが少なく，交換後も調整がほとんど必要ない。

**問題2　機械要素に関する記述のうち，適切なものはどれか。**

イ　クロスベルトは，十字掛けとも呼ばれ，従動車は原動車と同じ方向に回転する。

ロ　Vベルト用プーリの平行度の許容誤差は，歯付きベルト用プーリの平行度の許容誤差よりも小さい。

ハ　チェーン伝動装置では，滑りがあるために正確な回転や速度比が得られず，大きな動力が伝達できない。

ニ　プーリは，離れている2軸間をベルトによって動力を伝える機械要素である。

**問題1**

□ 平ベルトは，2軸が平行でなくても使用できます。

**問題2**

イ クロスベルトでは，原動車と従動車が逆の方向に回転します。

□ 歯付きベルト用プーリの平行度の許容誤差は，Vベルト用プーリの平行度の許容誤差よりも小さくする必要があります。

ハ チェーン伝動装置では，滑りがないために正確な回転や速度比が得られ，大きな動力が伝達できます。

# 5 リンク装置，カム，ばねなど 重要度★☆☆

**学習のポイント**
リンク装置，カム，ばね，ブレーキ装置のしくみや特徴などについてみていきます。

## 試験によく出る重要事項

### 1 リンク装置

**リンク装置**とは，通常4本のリンク（細長い棒）を組み合わせ，つなぎ目はピンで互いに回転するようにしたり，スライダで滑り合うようにした装置です。往復運動を回転運動や揺動運動に変換したり，その逆方向への変換を行います。

#### ●リンク装置の種類
次のような種類があります。

| | | |
|---|---|---|
| てこクランク機構 | 回転運動を揺動運動に変換したり，その逆方向への変換を行う。てこが揺動運動を，クランクが回転運動をする | |
| 両クランク機構 | 最短リンクを固定したもの。2本のリンクがクランクとなって回転運動をする | |
| 両てこ機構 | 2本のリンクがてことなって揺動運動をする。扇風機の首振りなどに用いられる | |

| 往復スライダクランク機構 | 回転運動を往復運動に変換したり，その逆方向への変換を行う。スライダ（A）が往復運動を，クランク（B）が回転運動をする。蒸気機関，内燃機関などに用いられる | 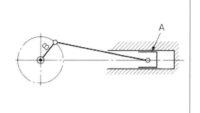 |
| --- | --- | --- |

## 2 カム

**カム**とは，回転運動を往復運動や揺動運動などに変換する機械要素です。

### ●カムの種類
次のような種類があります。

| 板カム | 曲線の輪郭をもつ板が回転すると，これに接している従動体が往復運動をする。用途は内燃機関の吸排気弁の駆動，工作機械など | |
| --- | --- | --- |
| 斜板カム | 平らな円板を軸に斜めに取り付けたもの。円板が回転すると，これに接している従動体が往復運動をする | |
| 円筒カム | 円筒の表面に曲線状の溝をもつ。円筒が回転すると，これに接している従動体が往復運動をする | |

## 3 ばね

**ばね**とは，弾性を利用してエネルギーを吸収・蓄積する機械要素です。

## ●ばねの種類

次のような種類があります。

| コイルばね | 鋼線などをコイル状に巻いたもの。圧縮コイルばねと引張コイルばねがある。つる巻きばねともいう |
|---|---|
| 渦巻きばね | 薄く細長い鋼材を渦巻き状に巻いたばね。限られたスペースで大きなエネルギーが蓄積できる。用途は，ねじ巻き玩具や時計など |
| 重ね板ばね | ばね用の鋼板を数枚重ね合わせたもの。自動車の車両など重量物を支える部分などに用いる |

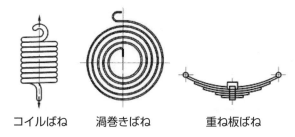

コイルばね　　渦巻きばね　　重ね板ばね

## 4 ブレーキ装置

　**ブレーキ装置**とは，摩擦抵抗により機械の運動部分のエネルギーを吸収し，減速・停止させる装置をいい，制動装置ともいいます。

## ●ブレーキ装置の種類

次のような種類があります。

| ブロックブレーキ | 回転するブレーキ輪にブレーキ片（ブロック）を押し付けることによって起きる摩擦力を利用するもの。用途は自転車，自動車，クレーンなど |
|---|---|
| バンドブレーキ（帯ブレーキ） | ブレーキ輪をスチールや皮革のバンドで締め付けるもの。用途は主に自転車など |
| ウォームブレーキ | ウォームギヤ側からの回転は伝わらないという性質を利用するもの。用途はウィンチ，チェーンブロックなど |
| 電磁ブレーキ | 電磁石の作用を利用するもの。用途は自動車，鉄道車両，工作機械など |

**問題1　機械要素に関する記述のうち，適切でないものはどれか。**

**イ** 重ね板ばねは，ばね用の鋼板を数枚重ね合わせたものである。

**ロ** カムの種類には，板カム，斜板カムなどがある。

**ハ** コイルばねは，渦巻きばねとも呼ばれる。

**二** 斜板カムとは，平らな円板が軸に斜めに固定されたカムである。

―――――――――――――― **実戦問題 解説** ――――――――――――――

**問題1**

**ハ** コイルばねと渦巻きばねは，別のものです。

# 6 軸・管関連

重要度★★☆

> **学習のポイント**
> 軸，管，弁，シールの種類や特徴などについてみていきます。

## 試験によく出る重要事項

### 1 軸

**軸**は，回転により動力を伝達したり，重量物を支えたりする機械要素です。

#### ●用途による分類

| 伝動軸 | 回転により動力を伝達する軸（transmission shaft）。主にねじり作用を受ける。歯車軸，ベルト車軸など伝動装置に使われる |
|---|---|
| 機械軸 | 一端で機械的仕事をする軸（spindle）。主にねじり作用を受ける。旋盤やフライス盤の主軸などの軸 |
| 車軸 | 車両の車輪を連結し，車体を支える軸（axle）。主に曲げ作用を受ける。鉄道車両，自動車などに使われる |

#### ●形状による分類

| 直軸 | まっすぐな軸。最も一般的に用いられている |
|---|---|
| クランク軸 | 往復運動を回転運動に変換したり，その逆方向への変換を行う軸。蒸気機関，内燃機関などで用いられる |
| たわみ軸 | 伝動軸にたわみをもたせ，伝動中に軸の方向を自由に変えられるようにしたもの。可搬式の作業機械などに用いられる |
| スプライン軸 | 多数の溝をもつ。キー溝付きの軸に比べて大きいトルクが伝達できる |

スプライン軸

#### ●軸の材料

軸の材料の性質には，ねじり・曲げに対して十分な強さがあることや，高い靭性をもつことなどが求められ，軸の材料には，一般に用いられる**低炭素鋼**の

他，鍛鋼品や特殊鋼などがあります。

## ●軸に関する危険性

軸に関して，次のような危険性があります。

| 危険速度 | 遠心力などと共振状態になるときの軸の回転数をいう。共振のため大きなたわみや振幅を生じ，騒音や破壊の原因となる |
|---|---|
| 応力集中 | 溝や段のある場合に，局部的に高い応力が加わること。破壊の原因となりやすい |
| 水素脆化 | 軸に硬質クロムめっきをした場合に，発生した水素が鋼中に侵入し，軸がもろくなること。水素脆性ともいう |

## 2 軸受

　**軸受**とは，回転・往復運動する軸などを支え，これらにかかる荷重を受ける機械要素です。軸受で支えられている軸の部分を**ジャーナル**といいます。

## ●荷重の方向による分類

| ラジアル軸受 | 軸に垂直にかかる荷重（ラジアル荷重）を支える軸受 |
|---|---|
| スラスト軸受 | 軸に平行にかかる荷重（スラスト荷重*）を支える軸受 |

＊アキシアル荷重ともいう

## ●構造による分類

| 転がり軸受 | 軸受と軸の間に玉やころなどの転動体を用いたもの。転動体により軸の回転と荷重を支える。一般に内輪の回転により運転される。点・線で受けるため大荷重には不向き。高速回転に適する。軸受すき間には大きい順に C5, C4, C3, CN, C2 があり，CN が標準（呼び番号では通常 CN が省略される）。軸受すき間の確認などにより，使用中の軸受の状態が推定できる |
|---|---|
| 滑り軸受 | 軸受と軸の間に潤滑油を用いたもの。油膜により軸の回転と荷重を支える。線・面で受けるため大荷重に適する。一般に高速回転に適する。ラジアル荷重を支えるすべり軸受を**ジャーナル軸受**という<br>**PV 値**　滑り軸受の性能指標の1つ。荷重と速度の積で表され，焼付きやすさの指標となる。荷重や速度が大きいほど PV 値も大きくなる。摩擦熱によって発熱し，その発熱量は PV 値に比例する |

※転がり軸受の 6220 を 6220C2 に変更すると，軸受の変位や振動を小さくできる。

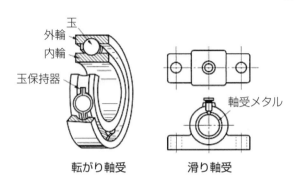

転がり軸受　　　　滑り軸受

## ●転がり軸受の種類

| 玉軸受 | 転動体に玉を用いたもの。ボールベアリング。荷重の方向によりラジアル玉軸受とスラスト玉軸受がある |
| --- | --- |
| 深溝玉軸受 | 軌道は円弧状の深い溝になっている。ラジアル荷重や両方向のアキシアル荷重を負荷できる。単列のものが一般的。高速回転する部分や低騒音・低振動が求められる用途に適する |
| アンギュラ玉軸受 | 玉と内輪・外輪の接触点を結ぶ直線がある角度（**接触角**）をもつ軸受。ラジアル荷重と一方向のスラスト荷重を負荷できる。接触角には 15°，30°，40° などがある。接触角が大きくなるほどスラスト荷重の負荷能力が大きくなり，接触角が小さくなるほど高速回転に適する。通常，複数個組み合わせて用いる |
| マグネット玉軸受 | 自転車やオートバイの小型発電機に用いられる。内輪と外輪が分離でき，組立てに便利。小型で高速回転するものに適する。スラスト荷重には不向き |
| 自動調心玉軸受 | 外輪の軌道面が球面で，曲率中心が軸受中心と一致するもの。軸間距離が長く，軸のたわみにより軸受に無理な力がかかるような場合に用いる |
| ころ軸受 | 転動体にころを用いたもの。ころには円筒ころ，円錐ころなどがある。荷重の方向によりラジアルころ軸受とスラストころ軸受がある。スラストころ軸受は，スラスト玉軸受に比べて耐衝撃性が大きい |
| 円筒ころ軸受 | ラジアル荷重に対する負荷能力が大きい |
| 円錐ころ軸受 | ラジアル荷重とスラスト荷重が同時にかかる場合に適する |

第6章　機械の主要構成要素

## 3 軸継手

<ruby>軸継手<rt>じくつぎて</rt></ruby>とは，軸と軸を結合して回転を伝達する機械要素で，カップリングともいいます。軸と軸を半永久的に結合する**永久軸継手**と，駆動中に回転を断続できる**クラッチ**があります。

### ●永久軸継手の種類

| 固定軸継手 | 2軸の軸線を完全に一致させて固定するもの |
|---|---|
| フランジ形固定軸継手 | 両軸のフランジ（つば状の部分）をボルトで締結 |
| たわみ軸継手 | 軸線にわずかの狂いが生じても許容できるもの |
| フランジ形たわみ軸継手 | 接合部にゴムなどを介したもの |
| 歯車形軸継手 | 内筒の外歯車と外筒の内歯車を噛み合わせたもの |
| チェーン軸継手 | チェーン車のついた継手本体をローラチェーンで結合したもの |

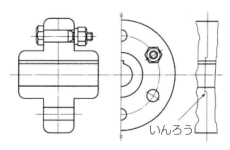

いんろう

フランジ形固定軸継手

### ●クラッチ

| 噛み合いクラッチ | 従動軸側のつめを軸方向に移動させることで着脱できる |
|---|---|
| 電磁クラッチ | 摩擦面の圧着や切り離しに電磁石を利用するもの |
| 摩擦クラッチ | 軸方向に押しつける力によって起こる摩擦力を利用して動力を伝えるもの |

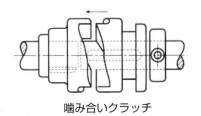

噛み合いクラッチ

## 4 管

管とは，中空で細長い円筒形の機械要素で，パイプともいいます。管はねじりや曲げに対する強度が大きく，流体の輸送の他，構造用にも広く用いられています。

### ●材質による分類

管の材質には金属と非金属があり，金属管には**鋼管**，**銅管**，鋳鉄管の他，鉛管，アルミニウム管などが，非金属管には**ビニル管**，ゴム管の他，ガラス管，木管，陶管，コンクリート管などがあります。

| 金属管 | 鋼管 | 靱性に優れる。いわゆるガス管。水，ガスなどの一般配管用に用いられる |
| | 銅管 | 電気・熱の伝導性，加工性に優れる |
| | 鋳鉄管 | 防食性・耐久性に優れる |
| 非金属管 | ビニル管 | 耐酸・耐アルカリ性，耐油・耐食性に優れる |
| | ゴム管 | 軽量で柔軟性・気密性に優れる |

## 5 管継手

管継手とは，管と管を結合する機械要素で，次のような種類があります。

### ●管継手の種類

| ねじ込み式管継手 | ねじ込んで結合するもの。ねじには管用テーパねじを用いる。形状によりエルボ，T（ティー），クロス，Y（ワイ），ベンドなどがある。ガス管継手ともいう |
| フランジ式管継手 | 管の端部にフランジを取り付けて結合するもの。接合面には漏れを防ぎ，気密を保つためガスケットを用いる |

| 溶接式管継手 | 溶接により結合するもの。管径によって突き合わせ溶接式と差し込み溶接式がある |
|---|---|
| 食い込み式管継手 | 金属製のスリーブを管の端部に食い込ませて結合するもの。接続時にねじ加工や溶接を必要としない |
| 伸縮管継手 | 温度変化による管の収縮を吸収できる可動式の管継手。ベローズ形（蛇腹状），滑り管，曲がり管などがある |

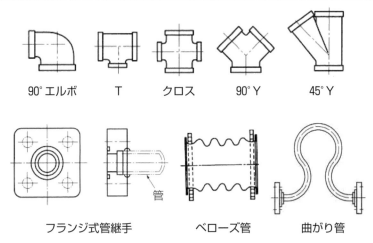

90°エルボ　　T　　クロス　　90°Y　　45°Y

フランジ式管継手　　ベローズ管　　曲がり管

# 6 弁

弁とは，管の両端や途中に取り付けて，流体の遮断や流量の制御をする機械要素で，**バルブ**ともいいます。

●弁の種類

| 玉形弁 | 弁箱（ボディ）が球形で，流体の流れがS字状になる弁 |
|---|---|
| アングル弁 | 流体の流れが直角に変わる形式の弁 |
| 逆止め弁 | 流体の逆流を防ぐ弁。チェックバルブともいう |
| 蝶形弁 | 円盤状の弁体が回転する弁。バタフライバルブともいう |
| 仕切り弁 | 流体の通路を垂直に仕切って開閉をする弁。流量の多い場合に用いる |

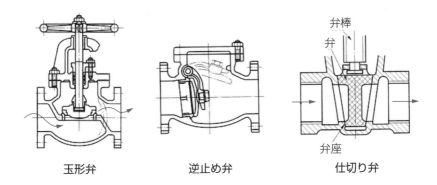

| 玉形弁 | 逆止め弁 | 仕切り弁 |

## 7 シール

　**シール**とは，流体の漏れや外部からの異物の侵入を防止するために用いられる装置をいい，密封装置ともいいます。シールは，固定用に使われる**ガスケット**と，運動・可動部に使われる**パッキン**に分けられます。

### ●シールの種類

| ガスケット | 配管用フランジなどのように静止した部分の密封に固定して用いられる。金属を加工したメタルガスケット，Oリングなどの非金属ガスケット，金属と非金属を組み合わせたセミメタルガスケット，主にねじ部に使われているシールテープなどがある |
|---|---|
| パッキン | 回転・往復などの運動をする部分の密封に用いられる。ポンプやモータの軸，ピストンなどに使われる |
| リップパッキン | シール部がリップ（唇）状になったもの。断面がU字型のUパッキン，V字型のVパッキンなどがある。Vパッキンは重ねて装着すると密封性が高められる。油圧シリンダのピストンにUパッキンを用いて耐圧性が悪い場合，Vパッキンに変える |
| グランドパッキン | スタッフィングボックス（パッキン箱）に詰め込んで用いられる。若干ぽたぽたと漏れるくらいが最適。適度な水漏れは，グランド部の摩擦熱の冷却などの効果があるため，増し締めは避ける |
| メカニカルシール | 機械装置の内部から外部への流体の漏れなどを防ぐ。シールが異常摩耗した場合，フラッシング液を固形分を含むプロセス液から純水に変える |

第6章 機械の主要構成要素

119

| ラビリンスシール | 回転軸とケーシングのすき間から気体が漏れるのを防ぐ |
|---|---|
| オイルシール | 回転軸における潤滑剤の漏れや異物の侵入を防ぐ |

●シール材料

| ふっ素ゴム | 耐油性・耐熱性などに優れる |
|---|---|
| ニトリルゴム | 耐油性に優れる。耐熱性はふっ素ゴムに比べて劣る |

## 実戦問題

**問題1　機械要素に関する記述のうち，適切でないものはどれか。**

イ　軸継手とは，軸と軸を結合するのに用いる機械要素をいう。

ロ　Oリングは，回転運動体には不向きである。

ハ　スプライン軸は，キー溝付きの軸に比べてトルク伝達力が小さい。

ニ　シールは，流体の漏れや外部からの異物の侵入を防止するために使用される。

**問題2　機械要素に関する記述のうち，適切なものはどれか。**

イ　管フランジ式継手には，ガスケットは用いない。

ロ　食い込み式管継手は，管にねじ加工をすることなく接続することができる。

ハ　グランドパッキンを交換したら，過負荷が生じたため，グランドパッキンを締めた。

ニ　ねじ込み式管継手のねじは，管用平行ねじである。

## 実戦問題　解説

**問題1**

ハ　スプライン軸は，キー溝付きの軸に比べてトルク伝達力が大きいです。

**問題2**

イ　管フランジ式継手には，ガスケットを用います。

ハ　グランドパッキンの締めすぎは，煙の発生などにつながります。

ニ　ねじ込み式管継手のねじは，管用テーパねじです。

実戦問題　解答●問題1　ハ　問題2　ロ

第**7**章

# 機械保全法各論

第7章では，機械保全を行う方法に関する
具体的な内容を扱います。

**1** 機械点検のための器具・工具
**2** 機械に生じる各種欠陥
**3** 潤滑と給油

# 1 機械点検のための器具・工具 重要度★★★

**学習のポイント**

機械の点検に用いられる器具・工具の種類・使用方法などについてみていきます。

## 試験によく出る重要事項

　機械の点検に用いられる器具・工具には，長さを測るノギス，マイクロメータ，角度を測る水準器，温度を測る温度計，流量を測る流量計などさまざまなものがあります。

　長さを測る測定器には，直接に測定物の長さを測る直接測定器（**実長測定器**）と，基準となるものと比較して長さを測る**比較測定器**があります。

### ●測定器の感度と精度基準

　測定器の感度とは，被測定物の量の変化に対する測定器目盛り上に現れる変化の割合をいいます。測定器の精度基準は，測定器の使用温度の範囲内における最大誤差で定めています。

## 1 ノギス

　**ノギス**とは，本尺の他に，移動できる副尺（バーニヤ）をもつ精密測定具で，厚さや球の直径などを測定します。できるだけ<u>本尺に近いところ</u>で測定します。

### ●ノギスの種類

| M形 | 副尺の目盛りは 19mm を 20 等分してあり，最小測定単位は 0.05mm。最大測定長さ 300mm 以下のものには，深さ測定用のデプスバーを備えたものもある |
|---|---|
| CM形 | 副尺の目盛りは 49mm を 50 等分してあり，最小測定単位は 0.02mm |

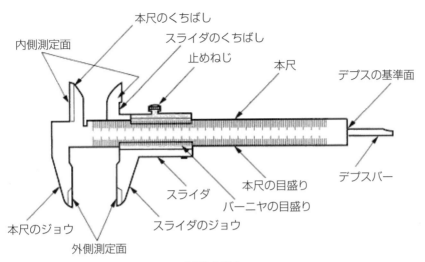

内側測定面

本尺のくちばし

スライダのくちばし

止めねじ

本尺

デプスの基準面

デプスバー

本尺の目盛り

バーニヤの目盛り

スライダ

スライダのジョウ

本尺のジョウ

外側測定面

M形ノギス

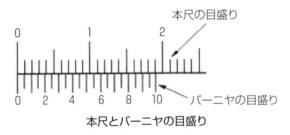

本尺の目盛り

バーニヤの目盛り

本尺とバーニヤの目盛り

## 2 マイクロメータ

　**マイクロメータ**とは，ねじの回転角とねじの移動距離の関係を利用して，微小な長さを精密に測定する器具です。シンブルが1回転すると，ねじが1ピッチ（通常0.5mm）だけ進みます。シンブルの外周には50等分した目盛りが刻まれ，最小目盛りは1/100mm です。

　測定範囲は誤差や使用上の点から，JIS では25mm 単位で0～25mm から475～500mm までのものが規格化されています。0～25mm のマイクロメータの0点調整は，測定面を直接接触させて行います。

### ●マイクロメータの種類

　マイクロメータには次に掲げるものの他に，内側マイクロメータ，デプスマイクロメータなどがあります。

| 外側マイクロメータ | アンビルとスピンドルは密着させずに保管する |
|---|---|
| 電気マイクロメータ | 接触式測定子の変位を電気的量に変換して測定する比較測定器。感度の切り換えが容易 |
| 空気マイクロメータ | 空気の流量や圧力の変化からものの寸法を測る比較測定器 |

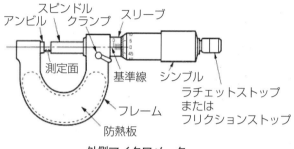

外側マイクロメータ

## ③ **ダイヤルゲージ**

　ダイヤルゲージとは，測定子のわずかな動きをてこや歯車で拡大し，微小な長さを精密に測定する比較測長器です。1目盛りは 0.01mm または 0.001mm です。

●ダイヤルゲージの種類

| スピンドル式 | スピンドルの直線運動を利用したもの。この形式が一般に用いられている。スピンドルを押し込むとき，長針は時計方向に動く。測定子は交換可能 |
|---|---|
| てこ式 | てこの原理を利用したもの。測定子をできるだけ測定物に平行に当て，測定圧が垂直に働くようにする。測定方向を切り替えるレバーがあり，測定圧を受ける方向が上下に切り替えできる。狭い場所の測定にも適する |

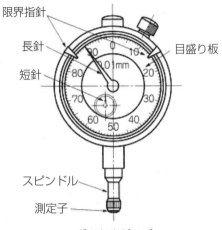

ダイヤルゲージ

## 4　シリンダゲージ

　**シリンダゲージ**は，穴の内径を測るのに用いる比較測定器で，測定器の一端にある測定子と換えロッドを穴の内側に当て，その当たり量をもう一方の端にあるダイヤルゲージの指針で読み取ります。

## 5　すき間ゲージ

　**すき間ゲージ**は，製品などのすき間にリーフ（薄い金属板）を挿入してすき間の寸法を測定する測定具です。リーフは，単体か厚みの異なるものの組合せで使用します。組み合わせて使用する場合は，薄いリーフをより厚みのあるリーフどうしではさみます。JISでリーフの厚さは最大3mmと規定されています。

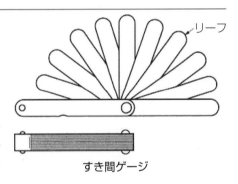

すき間ゲージ

## 6　水準器

　**水準器**とは，建物や機械の水平面や鉛直面を定めたり，水平面からの傾斜角を測定するのに用いる器具です。気泡管（円弧状のガラス容器）にアルコールやエーテルを入れて気泡を残したもので，気泡

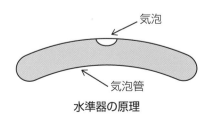

水準器の原理

125

が常に最も高いところにあることを利用しています。

　水準器の感度は，気泡を1目盛り（約2mm）だけ移動させるのに必要な傾斜を底辺1mに対する高さ（mm）または角度（秒）で表します。精密角形水準器は，気泡管の曲率半径が大きいほど感度がよくなります。

## 7 硬さ試験

　硬さとは一般に，物質の表面の機械的性質の1つで，物体が他の物体によって変形を与えられようとするときの，物体の変形しにくさ，傷つきにくさのことです。

### ●硬さ試験の種類
　硬さの試験には次のようなものがあります（HV，HB などは硬さ記号を表す）。

| | |
|---|---|
| ビッカース硬さ試験（HV） | **試験方法**　正四角錐形のダイヤモンド圧子を試料表面に押し込み，できたピラミッド形の圧痕（永久くぼみ）の表面積でその荷重を割った値を硬さの値とする<br>**特徴**　永久くぼみが非常に小さいため，薄板や浸炭層・窒化層などの硬さが測れる |
| ブリネル硬さ試験（HB） | **試験方法**　鋼球か超硬球を圧子に用いて荷重を負荷し，できた永久くぼみの大きさから硬さを求める。荷重をくぼみの表面積で割った値を硬さの値とする（表面は平面であることが原則）<br>**特徴**　くぼみが大きいため，正確な測定ができる |
| ロックウェル硬さ試験（HR） | **試験方法**　圧子を用いて，まず基準荷重を加え，次に試験荷重を加え，再び基準荷重に戻したとき，前後2回の基準荷重におけるくぼみの深さの差から求められる値を硬さの値とする<br>**表示方法**　用いる圧子や荷重に応じて尺度があり，スケール記号（B，C スケールなど）で表される。軟らかい材料の場合は B スケールを用い，硬い材料の場合は C スケールを用いる。硬さは硬さ記号，スケール記号，硬さ値の順に書いて表示される（HRC 58 など） |
| ショア硬さ試験（HS） | **試験方法**　一定の重さと形状をもち，先端に球状のダイヤモンドがついた鋼製ハンマを一定の高さから試料面に垂直に落下させ，そのはね上がり高さで硬さを表す<br>**特徴**　残留くぼみが浅く目立たないため，重量が大きいもの，圧延ロールなどの仕上げ面の硬さの測定に適する |

硬さ試験については
よく出題されています

## 8 温度計

　温度計には大きく分けて，物体に直接接触して感知する**接触式**と，物体に接触せずに，放射される熱エネルギーを感知する**非接触式**があります。

### ●温度計の種類

　温度計の種類には次のようなものがあります。

| ガラス管温度計 | ガラス管に入れた液体の熱膨張を利用したもの |
|---|---|
| バイメタル温度計 | **バイメタル**（温度による膨張係数の異なる2種類の金属板を重ねたもの）が温度によって形状を変化させることを利用したもの。精密測定には不向きだが，構造が簡単で振動に強い。自動制御が可能 |
| サーミスタ温度計 | **サーミスタ**（半導体の一種）の電気抵抗が温度上昇に伴って減少することを利用したもの |
| 熱電対温度計 | 異なる2種類の金属の両端を接続して回路を作り，接続部を異なる温度にすると電流が流れる現象（ゼーベック効果）を利用した温度計。遠隔測定・自動制御が可能 |
| 抵抗温度計 | 金属の電気抵抗が温度によって変化することを利用したもの。白金抵抗温度計は，ニッケルや銅を用いた抵抗温度計より測定温度範囲が広い。遠隔測定・自動制御が可能 |
| 光 高温計 | 物体が高温度で出す特定波長の光と，標準ランプの光を比較して，物体の温度を求めるもの。高温測定に有効 |
| 放射温度計 | 物体が表面から発する放射エネルギーの強度により物体の温度を測るもの。高温測定に有効。遠隔測定・自動制御が可能 |

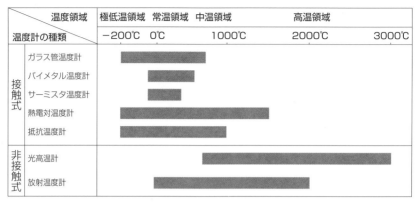

| 温度計の種類 ＼ 温度領域 | 極低温領域 | 常温領域 | 中温領域 | 高温領域 | |
|---|---|---|---|---|---|
| | −200℃　0℃ | | 1000℃ | 2000℃ | 3000℃ |
| 接触式 | ガラス管温度計 | | | | |
| | バイメタル温度計 | | | | |
| | サーミスタ温度計 | | | | |
| | 熱電対温度計 | | | | |
| | 抵抗温度計 | | | | |
| 非接触式 | 光高温計 | | | | |
| | 放射温度計 | | | | |

各種温度計と測定領域

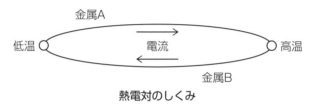

熱電対のしくみ

## 9 回転計

　**回転計**とは一般に，機械の軸などの回転数や回転の速さを測定する計器をいい，回転の速さを測定するものは回転速度計，タコメータともいいます。

### ●回転計の種類

| ハスラー回転計 | 手動ボタンにより時計機構が動作（3秒間）し，その間の回転の数から回転数を求めるもの。簡便で広く利用されている |
|---|---|
| 遠心式回転計 | 回転によって生じる固体や流体の遠心力を利用したもの |
| 電気式回転計 | 発電機の誘導起電力がその軸の回転速度に比例することを利用したもの |

## 10 回路計

　**回路計**とは，直流の電圧・電流，交流の電圧，抵抗値がスイッチの切り換えにより計測できるもので，**テスタ**，回路試験器ともいいます。

## 11 流量計

**流量計**とは，管路などを流れる液体・気体の流量を測定する計器です。

### ●流量計の種類

流量計の種類には次のようなものがあります。

| | |
|---|---|
| 差圧式流量計 | 管路のある箇所を狭くした絞り機構を設け，その前後の差圧が流量の2乗に比例すること（ベルヌーイの定理）を利用したもので，**絞り流量計**ともいう。絞り機構に<u>オリフィス</u>を用いたものが最も一般的 |
| 容積式流量計 | 流体がケーシング内を流れると，回転子と呼ばれる歯車やルーツが回転する構造で，流量が歯車の回転数に比例することを利用したもの |
| 面積式流量計 | 流体がテーパ管（逆円錐の管）内を流れると，流量の増減により内部の浮き子（フロート）が上下に移動する。この浮き子の位置から流量を測定するもの。**ロータメータ**ともいう |
| タービン流量計 | 流れの中に置かれた羽根車の回転数が流速に比例することを利用し，羽根車の回転数から流量を求める。**羽根車流量計**ともいう |
| 電磁流量計 | 導電体が磁界内を横切るとき，その速さに比例した電圧が誘起されるというファラデーの電磁誘導の法則を利用して，外部から磁界を与えることで導電性液体の流量を測定するもの |

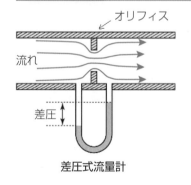

差圧式流量計

容積式流量計

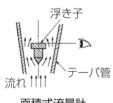

面積式流量計

## 12 振動計

　振動を測定するための**振動計**にはさまざまなものがあり，測定対象や測定量の種類などに応じて，適切なものを使用する必要があります。

## ●振動計の分類

振動計には，接触型・非接触型の別の他に次のような分類があります。

| 測定項目による分類 | ①変位振動計 | ②速度振動計 |
| --- | --- | --- |
| | ③加速度振動計 | |
| 検出・拡大方法による分類 | ①機械式振動計 | ②電気式振動計 |
| | ③光学式振動計 | |

## 13 ひずみゲージ

**ひずみゲージ**とは，金属に機械的な伸びや縮みを与えたときに生じる電気抵抗値の変化からひずみ（たわみ）を電気信号として検出するものです。この計器には温度，疲労，環境などに対して一定の使用限界があります。電気抵抗値の変化は非常に微小なため，ホイートストンブリッジ回路を用いて電圧に変換します。圧力・強度・加速度・荷重などの測定が可能です。

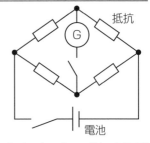

ホイートストンブリッジ回路

## 14 圧力計

**圧力計**は，液体・気体の圧力を測るための計器で，代表的なものに**ブルドン管圧力計**があります。これは，一端が閉ざされた曲管に開放端を固定し圧力をかけたときに曲管が広がる方向に生じる変位を検出し，圧力を測定するものです。

ブルドン管圧力計

### ●絶対圧力とゲージ圧力

圧力には絶対圧力とゲージ圧力の2種類の表し方があります。絶対圧力は絶対真空を基準とした圧力で，ゲージ圧力は大気圧を基準とした圧力で，これらの間には，**絶対圧力＝大気圧＋ゲージ圧力**の関係があります。なお，ブルドン管圧力計で測定した圧力はゲージ圧力です。

## 15　騒音計

**騒音計**とは，騒音の大きさを数値で表す測定器です。騒音の大きさを数値化するには，周波数ごとの人の感覚を考慮する必要があり，周波数ごとに補正した値が主に用いられています。人間の感覚に近いように補正した特性を A 特性といい，一般に騒音計は A 特性で測定しています。騒音計で測定された値を**騒音レベル**といい，単位は dB（デシベル）です。なお，騒音レベルが同じの 2 つの騒音を合成すると騒音レベルは＋ 3dB になります。

騒音の測定から詳しい情報を得て，分析するためには周波数分析器を用います。

## 16　その他の機器

| | |
|---|---|
| テストハンマ | 保全業務の中で非常に重要な工具である。打診により，締付け部やねじ込み部のボルトやナット，リベットの緩みの他，溶接部の亀裂などの異常の有無を確認する |
| 聴音器 | レシーバを耳に当て，探知棒の先端を接触させることで異常音・不規則音を調べる。両耳式・片耳式などの種類がある |
| オートコリメータ | 光の直進性を利用して，望遠鏡と反射鏡により対象物の微小な角度差，振れなどを測定する。工作機械や角度ゲージなどの検査に用いる |
| オプティカルフラット | 光の干渉を利用して平面度の測定に用いる機器。干渉じまが多く見えるほど平面度が悪い |
| アイスコープ | スケールとレンズを結合させた簡単な光学測定器。スケールの長さ，角度，円弧などにより多くの種類があり，適宜交換できる |

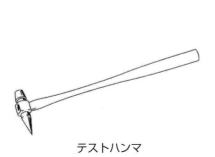

テストハンマ

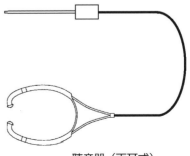

聴音器（両耳式）

**問題1　機械の点検に関する記述のうち，適切でないものはどれか。**

イ　マイクロメータは，測定しないときはスピンドルとアンビルの両測定面間は離しておく。

ロ　接触式温度計の一種に，サーミスタ温度計がある。

ハ　精密角形水準器は，気泡管の曲率半径が小さいほど感度がよい。

ニ　ショア硬さ試験は，仕上げ面にきずを付けない測定に適している。

**問題2　機械の点検に関する記述のうち，適切なものはどれか。**

イ　同一形状，同一長さの鋼製の棒とアルミニウム製の棒にひずみゲージを貼り付け，ひずみを測定したところ，同じ値が得られた。このとき，これらの棒に生じている応力の大きさは同じである。

ロ　ショア硬さ試験は，ダイヤモンド圧子がついたハンマを一定の高さから試料面に落下させ，そのくぼみの深さから硬さを求める。

ハ　抵抗温度計は，熱電対温度計よりも高い温度を測ることができる。

ニ　本尺の1目盛りが1mm，バーニヤの1目盛りが19mmを20等分してあるノギスでは，0.05mmまで読み取れる。

―――――――――――― **実戦問題　解説** ――――――――――――

**問題1**

ハ　精密角形水準器は，気泡管の曲率半径が大きいほど感度がよくなります。

**問題2**

イ　鋼とアルミニウムでは性質が異なるため，ひずみ量が同一であれば，生じている応力は異なります。

ロ　ショア硬さ試験は，ハンマのはね上がり高さから硬さを求めるものです。

ハ　抵抗温度計と熱電対温度計では，後者のほうが高い温度が測れます。

## 2 機械に生じる各種欠陥 重要度★★☆

**学習のポイント**
機械の主要構成要素に生じる欠陥について，その種類・原因・発見方法などをみていきます。

### 試験によく出る重要事項

### 1 歯車に生じる欠陥

| | |
|---|---|
| アブレシブ摩耗 | 塵埃（じんあい），砂，金属摩耗粉，潤滑油中の不純物といった異物が入り込み，歯が噛み合うときに歯面の滑り方向に生じる<u>すりきず状</u>の摩耗。すり磨き摩耗ともいう |
| スクラッチング | アブレシブ摩耗よりも深くはっきりしたきず。アブレシブ摩耗の場合よりも<u>大きな異物</u>が噛み込み，歯面の油膜が破れることにより，接触歯面上の滑り方向にできる引っかき状の線やきず |
| ピッチング | 表面疲れの一種。歯面の凹凸（おうとつ）の高い部分に荷重が集中し，接触圧力により表面からある深さの部分に最大せん断応力が発生し，この応力により細い亀裂ができ，その亀裂の進行により歯面の一部が剥離（はくり）・欠落する現象。剥離面は<u>小孔状</u>。歯車の使用開始まもなく発生するものを**初期ピッチング**という<br>**防止策** ①潤滑油を高粘度にする ②歯面層を硬化する ③歯面の曲率半径を大きくする ④歯当たりの修正*をする |
| スポーリング | 歯面に過大荷重が加わり，ピッチングの小孔が連結して<u>大きい孔</u>になり，比較的大きい金属片が<u>剥離・脱落</u>すること<br>**防止策** 歯面層を硬化する |
| スコーリング | 油膜切れした金属面どうしが滑り接触し，融着した微細接触粒子が<u>引き裂かれる</u>ことにより生じ，歯面より金属が急速に取り除かれる現象<br>**防止策** ①潤滑油を高粘度にする ②歯面温度を下げる ③給油量を増やす ④歯面の曲率半径を大きくする |
| 腐食摩耗 | 水分，酸，潤滑油中の添加剤などの化学反応によって小孔やサビとして観察される歯面の劣化 |
| 塑性流れ（そせい） | 高い応力で材料が降伏して生じた表面層の塑性変形。プラスチックフローともいう |

*歯当たりの修正は，歯切り工作機械により行う

歯車や転がり軸受に生じる欠陥については
よく出題されています
防止策についてもおさえておきましょう

## 2 転がり軸受に生じる欠陥

| | |
|---|---|
| フレーキング | 軸受が荷重を受けて回転したとき，内外輪の軌道面や転動体の転動面が繰り返し荷重を受け，転がり疲れによりウロコ状に剥がれる現象。取り付け不良や軸のたわみなどが原因<br>**防止策** ①取り付けに注意する ②心出しを行う |
| ピッチング | 転がり疲れによって小孔ができること |
| スミアリング | 2つの金属どうしが大きな荷重を受けてこすれ，潤滑油膜が切れて接触面に肌荒れができる現象。**かじり**（がじり）ともいう<br>**防止策** はめあいを修正する |
| 圧痕 | 軌道面と転動面の接触部分が塑性変形してできたくぼみ。静止時に大きな荷重を受けたり，取り付け時に衝撃荷重や極度な重荷重を受けてできる圧痕を**ブリネリング**という<br>**防止策** ①潤滑油をろ過する ②焼きばめをする |
| フレッティング摩耗 | 接触する2両面が相対的な微小滑り振動を生じて起こる摩耗。赤褐色状の酸化摩耗粉を伴う。軌道面と転動面の接触部やはめあい面で起こる。フレッティング・コロージョンともいう<br>**防止策** しめしろを大きくする |
| クリープ | はめあい面のかじり摩耗。はめあい面のしめしろ不足が原因<br>**防止策** しめしろを大きくする |
| 焼付き | 回転中の急激な発熱により軌道輪・転動体などが焼き付くこと。変色（油焼け）は初期段階の焼付きであり，補修ののち再使用が可能。潤滑油の不良，すき間の過小などが原因 |
| 電食 | 回転中の軸受の軌道輪と転動体の接触部分に電流が流れたとき，薄い潤滑油膜を通してスパークし，その表面が凹凸になる現象<br>**防止策** アースをとる |
| ミスアライメント | 軸継手で結ばれた2本の回転軸の中心線がずれている状態。主軸周波数の2倍程度の異常振動が起こる |

## 3 その他の欠陥

### ●異常振動

ポンプなどの振動は，水力的振動と機械的振動に大きく分けられます。

| | | |
|---|---|---|
| 水力的振動 | キャビテーション | 流速の増大によって圧力が低下して気泡が生じ，短時間で崩壊する現象。空洞現象ともいう。配管径の急激な縮小・拡大などにより起こる。気泡が崩壊するときに騒音や振動が発生する<br>**防止策** ①吸い込み配管を太く短くする ②吸い込み揚程を小さくする ③ポンプの回転速度を下げる ④サクションフィルタを掃除する |
| | サージング | ポンプを低流量域で運転する際に，管内の圧力・流量が変動し，異常振動を起こす現象 |
| | ウォータハンマ | 管内に流れる流体を急に遮断したときなどに，管内圧力が急激に変動する現象。水撃現象ともいう。異音や異常振動を起こす<br>**防止策** 弁をゆっくり閉める |
| 機械的振動 | オイルホワール | 低速回転時に起こる，振動数が回転速度の 1/2 の小振幅の振れまわり振動。油膜の作用により生じる |
| | オイルホイップ | 高速回転時に起こる，危険速度に等しい激しい振動。油膜の作用により生じる |

### ●腐食

**腐食**とは，金属が周囲の環境により化学的・電気化学的に浸食されることです。腐食反応の主体は，pH4 以下（強酸性）では水素イオンで，pH4 〜 10（弱酸性〜弱アルカリ性）では溶存酸素です。また，腐食などによって配管壁の厚みが薄くなることを減肉といいます。腐食には次のようなものがあります。

| | |
|---|---|
| 全面腐食 | 金属がほぼ一様に腐食する。炭素鋼など耐食性の低い材料によく起こる |
| 孔食 | 金属材料の表面にできる穴状の局所的な腐食。材料が不均一の場合などによく起こる。アルミニウム，ステンレス鋼などにみられる。**ピッチング**ともいう |
| すき間腐食 | フランジの接合部，ガスケットのすき間など，液が停滞している箇所に生じる腐食 |

| 潰食（エロージョン） | 流体が高速で流れる箇所や流れ方向が急に変わる箇所で，配管内面の金属表面が剥離・損傷する現象。潰食により促進される腐食を**エロージョン・コロージョン**という<br>**防止策** 流速を下げる |
|---|---|
| サンドエロージョン | 流体中に含まれる固体粒子や気泡などにより材料が摩耗・損傷される現象 |
| キャビテーション・エロージョン | キャビテーションによる気泡が繰り返し崩壊するとき，気泡部分に生じる高い圧力が金属表面に衝撃的に作用し，小さい孔が密集して生じる現象。オリフィスやポンプインペラなどで起こる |
| 応力腐食割れ | 海浜地区などの湿潤環境下で，応力が加わることにより生じる割れ。オーステナイト系ステンレス鋼は塩素イオンの存在下で応力腐食割れを起こす |

●その他

| ベルトの亀裂等 | Ｖベルトの1本に亀裂が生じた場合や1本が切れたときは，すべてのベルトを交換する。Ｖベルト上面がプーリ溝に沈んでいる場合もベルトを取り替える |
|---|---|
| コンベアチェーンの摩耗 | 同期駆動の2本のコンベアチェーンが摩耗したときは，すべてを同時に交換する |
| 抵抗溶接機の溶接スパッタ | 抵抗溶接機の溶接スパッタが多いときは，溶接ガンの加圧力を上げ，電流値を下げる |
| 送風機の振動 | モータの心出し調整，羽根車の摩耗や軸の曲がりの点検をする |
| 油圧ポンプの異音 | 油圧ポンプが異音を発生しているときは，タンク用フィルタが目詰まりしていないか，吸い込み配管径が小さすぎないか，ポンプ吸い込みヘッドが高すぎないかなどを確認する |
| ディンプル | 延性破壊した材料の破面にみられる，多数の小さなくぼみ状の模様 |

※スタフィングボックス部での異音の原因は，グランドパッキンの締めすぎか劣化，軸の損傷，偏心，異物のかみこみなど

## 実戦問題

**問題1　機械に生じる欠陥に関する記述のうち，適切でないものはどれか。**

**イ** 歯車におけるピッチングとは，油膜切れした金属面どうしが接触し，融着した微細接触粒子が引き裂かれることによって生じる現象である。

**ロ** 歯車のスコーリングの防止には，高粘度の潤滑油を用い，油膜を維持する。

**ハ** ウォータハンマとは，管内に流れる流体を急に遮断したときに，管内圧力が急激に変動する現象である。

**ニ** 粒子の衝突によって，配管内面が徐々に剥離・損傷する現象をエロージョンという。

**問題2　機械に生じる欠陥に関する記述のうち，適切なものはどれか。**

**イ** ポンプ内の流れに局部的な真空ができ，気泡が生じて短時間で崩壊する現象をサージングという。

**ロ** キャビテーションとは，管内の圧力が時間の変化とともに変動する現象をいう。

**ハ** 転がり軸受に生じるクリープは，はめあい部のしめしろ不足が原因で発生する。

**ニ** 歯車の歯面に生じるピッチングは，歯当たりの修正や潤滑油の粘度を高めても効果はない。

──────────── **実戦問題 解説** ────────────

**問題1**

**イ** ピッチングとは，歯面の凹凸（おうとつ）の高い部分に荷重が集中し，接触圧力により表面からある深さの部分に最大せん断応力が発生し，この応力により細い亀裂ができ，その亀裂の進行により歯面の一部が欠落する現象です。

**問題2**

**イ** サージングとは，ポンプを低流量域で運転する際に，管内の圧力・流量が変動し，異常振動を起こす現象をいいます。

**ロ** キャビテーションとは，流速の増大によって圧力が低下して気泡が生じ，短時間で崩壊する現象をいいます。

**ニ** 歯車の歯面に生じるピッチングは，歯当たりの修正や潤滑油の粘度を高めることに効果があります。

**実戦問題 解答●問題1 イ　問題2 ハ**

第**7**章　機械保全法各論

# 3 潤滑と給油

重要度★★☆

**学習のポイント**
潤滑に関する用語や，給油の方法などについてみていきます。

## 試験によく出る重要事項

## 1 潤滑と潤滑剤

### ●潤滑の目的

　潤　滑の目的は主に，互いにすべり摩擦する２つの接触する固体の間に働く摩擦力や摩擦による摩耗を減らし，滑りやすくすることです。その他に冷却，防食・防サビ，防塵，密封などもあります。

### ●潤滑の三態

| 固体潤滑 | ２つの摩擦面の間に潤滑剤がなく，完全に乾燥した固体どうしの摩擦。**乾燥摩擦**ともいう。摩擦係数は 0.4 ～ 1.2 程度 |
|---|---|
| 境界潤滑 | ２つの摩擦面が非常に薄い潤滑剤の膜で分離されている場合の摩擦。**境界摩擦**ともいう。部分的に固体どうしが接している。潤滑剤の粘度・量の不足により起きる。機械の起動・停止時や給油・粘度不足時に起きやすい。この状態が続くと発熱し，焼付きの原因となる。油膜のせん断が起きやすく，摩耗が起きやすい。高速には不適。摩擦係数は 0.1 程度 |
| 流体潤滑 | ２つの摩擦面が比較的厚い潤滑剤の膜で分離されている場合の摩擦。**流体摩擦**ともいう。摩擦係数は 0.01 程度ときわめて小さい。摩擦係数は粘度・速度の低下，荷重の増加とともに減少する |

境界潤滑や流体潤滑については
よく出題されています

### ●流体潤滑におけるクサビ効果

　流体潤滑では軸が回転すると，それにつられて潤滑油がクサビ形をした軸と軸受のすき間に引きずり込まれ，圧力（油圧）が発生し，この圧力により軸が浮いて摩擦力が減ります。この現象を**クサビ効果**といいます。

### ●潤滑剤

　潤滑剤とは，潤滑のために機械の回転部などに使用される物質のことで，液体潤滑剤（**潤滑油**など），半固体潤滑剤（**グリース**など），固体潤滑剤（**黒鉛**など）があります。

## 2 潤滑油とその性質・種類

潤滑油は ISO 粘度分類では VG で表されます。

### ●潤滑油の性質

潤滑油には一般的に次のような性質があります。

| | |
|---|---|
| 粘度 | 粘度が高すぎると，摩擦抵抗が大きくなり動力損失が増大する。粘度が低すぎると，油膜が切れやすくなり潤滑作用が不十分になる。そのため使用場所の荷重・温度・速度などに適応した粘度を選ぶ必要がある。<u>温度が上昇すると潤滑油の粘度は低くなる</u> |
| 粘度指数 (VI) | 温度による潤滑油の粘度変化の大きさを示すもの。<u>粘度指数が高いほど温度による粘度変化が小さく，良質な潤滑油とされる</u> |
| 流動点 | 潤滑油を冷却したとき，全く流動しなくなる温度を凝固点といい，それより 2.5℃高い，凝固する直前の温度を流動点という。低温でも流動するものが良質な潤滑油とされる |
| 極圧性能 | 極圧とは線・点で接触した部分にかかる摩擦抵抗のこと。<u>特に強い圧力がかかった場合に焼付きを防ぐ働きのある**極圧添加剤**（硫黄，りんなどの化合物）</u>を配合すると極圧性能が高められる |
| 油性 | 粘度が同じでも摩耗度が異なる場合があり，摩耗度の少ないほうが油性が良いとされる。金属表面に付着し強い被膜を作る働きのある**油性向上剤**が油性を高めるために用いられる |

### ●潤滑油の種類

潤滑油は，**動植物系**潤滑油，**鉱油系**潤滑油，**合成**潤滑油に大きく分けられます。動植物系潤滑油は，摩擦特性が良い一方で安定性が乏しく，鉱油系潤滑油は，潤滑性に優れる一方で耐火性が低いです。

| | |
|---|---|
| タービン油 | タービン，圧縮機，ルブリケータ（給油器）の他，油圧作動油などに用いられる。添加タービン油と無添加タービン油がある |
| マシン油 | 一般機械の潤滑油として軸受などに用いられる。潤滑油の中で精製度が最も悪いため，油の劣化が速い |

## 3 グリースとその性質・種類

**グリース**は基油（潤滑油），増ちょう剤，添加剤から作られます。増ちょう剤とは，粘度を増すために用いられるものです。グリースは，スポンジ状の増ちょう剤に潤滑油が入り込んでいるため<u>ゲル状</u>です。粘度の高いグリースはギヤなどに，粘度の低いグリースは配管内などに用いられます。

## ●グリースの性質

グリースには一般的に次のような性質があります。

| ちょう度 | グリースの硬さを表す数値。数値が小さいほど硬くなる。JIS などが定めるちょう度番号は，数値が大きいほど硬くなる。ちょう度は規定円錐を落下させ，進入深さ（mm）を 10 倍した値で表される |
|---|---|
| 滴点 | グリースを規定容器で加熱し，グリースが液状になり滴下し始める温度。耐熱性の目安になる。一般に滴点の高いものほど使用温度上限や耐熱性は高いが，高滴点増ちょう剤を使ったものでも基油の耐熱性が低いと，滴点が高くなっても使用温度上限は低い |
| 耐水性 | 水分の多い環境で使用する場合に，水が過度に入り込み軟化する傾向の少ない性質 |

### ちょう度とちょう度番号

| ちょう度<br>（25℃） | JIS<br>ちょう度番号 | NLGI<br>ちょう度番号 | 硬さ |
|---|---|---|---|
| 445 ～ 475 | 000 号 | No.000 | 軟 |
| 400 ～ 430 | 00 号 | No.00 | |
| 355 ～ 385 | 0 号 | No.0 | |
| 310 ～ 340 | 1 号 | No.1 | |
| 265 ～ 295 | 2 号 | No.2 | |
| 220 ～ 250 | 3 号 | No.3 | |
| 175 ～ 205 | 4 号 | No.4 | |
| 130 ～ 160 | 5 号 | No.5 | |
| 85 ～ 115 | 6 号 | No.6 | 硬 |

## ●グリースの種類

| 一般極圧グリース | カルシウム石けん基のグリースに極圧添加剤を加えたもので，耐圧性は良いが耐熱性は少ない。用途は自動車シャシなど |
|---|---|
| リチウム基極圧グリース | リチウム石けんに酸化鉛を加えているため，耐熱性・耐圧性・機械的安定性に優れる |
| 耐熱グリース | 高温になるにつれて油分蒸発などにより硬化するものと軟化するものがある。摩擦の状態により選択する必要がある |
| 二硫化モリブデン系グリース | ペースト状のものは，初期の焼付きを防ぐためにあらかじめ摩擦面に塗布することがある |
| シリコングリース | 増ちょう剤にリチウム石けん基を，基油にシリコン油を用いたもの。耐熱用など幅広い用途がある |

●**増ちょう剤の種類**

増ちょう剤は，石けん基と非石けん基に大きく分けられます。

| 石けん基 | カルシウム石けん，ナトリウム石けん，アルミニウム石けん，リチウム石けん，バリウム石けん |
|---|---|
| 非石けん基 | 石英，黒鉛，雲母 |

## 4 固体潤滑剤とその性質

**固体潤滑剤**には，黒鉛（グラファイト）の他，二硫化モリブデン，ポリテトラフルオロエチレン（PTFE）などがあります。固体潤滑剤は，一般に高温・高荷重・真空状態などで用いられます。

固体潤滑剤には一般的に次のような性質があります。
●使用温度・融点・耐熱性・化学的安定性・熱伝導性・焼付き防止性が高い
●硬さが低い
●表面への付着力が強い
●せん断力・摩擦抵抗が小さい

## 5 潤滑剤の供給方法

潤滑剤の供給方法には次のようなものがあります。

| 手差し潤滑 | 油差しで給油口などから給油する方法。油量を一定に保ちにくい。給油を忘れる場合がある。一般に軽荷重で低速運転の場合などに用いる |
|---|---|
| 滴下潤滑 | 重力を利用して潤滑油を滴下する方法。油面の高低・温度変化により滴下量が変化するため注意が必要。調節弁の開度を変化させて滴下量を調整する |
| 灯心潤滑 | 油だまりから油を灯心のサイホン作用と毛細管現象で滴下する方法。粘度の高い油には不適。多少ごみの入った油でも灯心でろ過される。灯芯潤滑とも書く |
| 浸し潤滑 | 軸受の一部を油に浸す方法。周囲を密閉する必要がある。油量が多すぎると酸化促進や温度上昇が起きる。歯車装置などに用いる。浸し給油，油浴潤滑ともいう |

| | |
|---|---|
| 強制潤滑 | ポンプの圧力によって潤滑油を循環させ，強制的に給油する方法。高速・高圧の軸受などに適する。強制循環給油ともいう。油温・油量の調節が確実にでき，冷却効果も高い。循環給油装置のタンクの油温は，運転中で30～55℃が適切 |
| 噴霧潤滑 | 水分を除いた清浄な圧縮空気で油を霧状にし，潤滑部に吹き付けて給油する方法。戻りの配管が不要で，装置が簡単。少量の油で潤滑効果がある。集中化・自動化が可能。冷却効果は大きい。タービン油を霧状にするルブリケータが用いられる。オイルミスト潤滑ともいう |
| はねかけ潤滑 | 軸にはねかけ用の翼をつけたり，回転体を直接油面に接触させ油をはね飛ばして軸受などに給油する方法。はねかけ給油，飛沫潤滑ともいう |
| パッド潤滑 | 潤滑油を含ませたパッドを軸受の荷重のかからない側につけ，毛細管現象により給油する方法。パッド注油ともいう。軸受面を清浄に保てる |
| リング潤滑 | 横型軸受下部の油だまりから，軸にかかり回転するリングにより軸受上部に給油する方法。中速用に適する |
| 重力潤滑 | 上部油槽を高所に設け，パイプにより給油する方法。中・高速用に適する |
| ねじ潤滑 | 軸にねじ溝状の油溝を切り，その両端に油だまりを設け，軸の回転とともに油を軸方向に供給する方法。スラスト軸受などに適する |
| 集中給油 | ポンプ，分配弁，制御装置によって適量の給油をする方法。集中化・自動化が可能。潤滑油の給油，グリースの給脂などに用いる |

## 6 油潤滑とグリース潤滑の比較

| 項目 | 油潤滑 | グリース潤滑 |
|---|---|---|
| 冷却効果 | 大 | 小 |
| 放熱作用 | 大 | 小 |
| 漏れ | 大 | 小 |
| 内部摩擦抵抗 | 小 | 大 |
| 密封装置 | 複雑 | 単純 |
| 回転速度 | 中～高 | 低～中 |
| 限界 dn 値* | 比較的高 | 比較的低 |

| | | |
|---|---|---|
| 異物除去 | 容易 | 困難 |
| 洗浄 | 容易 | 困難 |

＊回転数の限界の目安

## 7 潤滑油の劣化

　潤滑油の劣化は，潤滑油そのものの質が悪くなる場合と，外的な要因によって質が悪くなる場合があります。劣化の要因には次に掲げるものの他，添加剤の消耗，異種油（作動油）の混入，燃焼ガスの影響などがあります。

| | |
|---|---|
| 金属の影響 | 潤滑油の中に金属摩耗粉が入ると，激しい酸化が起こる。金属石けんも酸化促進剤となる<br>**防止策**　金属摩耗粉をマグネットフィルタなどで除去する |
| 熱の影響 | 温度上昇とともに酸化が進む。一般に，温度が 10℃高くなると酸化速度は約2倍になる。また長時間日光に当たると，紫外線の影響で変質する<br>**防止策**　60℃以上での使用を避ける |
| 水の影響 | 金属摩耗粉などが入ると，水による乳化を促進する<br>**防止策**　水分の混入を避ける |
| 塵埃の影響 | 塵埃の混入により劣化や摩擦面の摩耗が促進される<br>**防止策**　コンタミネーションコントロールを行う |

第**7**章　機械保全法各論

**問題1　潤滑に関する記述のうち，適切でないものはどれか。**

**イ** 滑り軸受で油膜圧力が軸を押し上げることによって，2面間の接触を防ぐことを，クサビ効果という。

**ロ** 循環給油装置のタンクの油温は，設備運転中は20℃（293K）程度に保つことが望ましい。

**ハ** 滴下潤滑で灯心を利用したものは，多少ごみが入った油でも毛細管現象で油はろ過される。

**ニ** 強制潤滑は，ポンプの圧力によって潤滑剤を送り込む潤滑方式である。

**問題2　グリースに関する記述のうち，適切なものはどれか。**

**イ** ちょう度番号は，大きくなるほど軟らかくなる。

**ロ** ちょう度は，数値が大きいほど硬くなる。

**ハ** 耐熱グリースには，高温になるにつれて硬化するものと軟化するものがある。

**ニ** 滴点は，グリースの耐熱性を示す指標にはならない。

---

## 実戦問題　解説

**問題1**

**ロ** 循環給油装置のタンクの油温は，設備運転中は 30 〜 55℃程度が望ましいとされます。

**問題2**

**イ** ちょう度番号は，大きくなるほど硬くなります。

**ロ** ちょう度は，数値が大きいほど軟らかくなります。

**ニ** 滴点は，グリースの耐熱性を示す重要な指標です。

第 **8** 章

# 機械工作法と
# 非破壊検査

第8章では，機械工作の方法と非破壊検査
の種類・特徴について一般的な事項を扱い
ます。

**1** 機械工作法
**2** 非破壊検査

# 1 機械工作法

重要度★★★

**学習のポイント**

機械加工，手仕上げ，溶接，鋳造，鍛造，板金といった工作法の種類や特徴についてみていきます。

## 試験によく出る重要事項

機械工作法には次のようなものがあります。

| 変形加工 | 鋳造 | | 砂型，ダイカストなど |
|---|---|---|---|
| | 塑性加工（そせい） | | 鍛造（たんぞう），圧延，板金プレス加工など |
| 除去加工 | 機械加工 | 切削加工 | 旋削，穴あけ，平削り，研削など |
| | | 砥粒加工（とりゅう） | ホーニング，ラッピングなど |
| | 特殊加工 | 電気的加工法 | 放電加工，電子ビーム加工など |
| | | 化学的加工法 | 化学研磨など |
| | | 電気化学的加工法 | 電解研磨など |
| | | その他 | レーザ加工など |
| | 手仕上げ | | ラップ仕上げ作業，きさげ作業など |
| 接合加工 | 溶接加工 | | アーク溶接，ガス溶接など |
| | 接合加工 | | ろう付け，圧接など |
| | 結合加工 | | ねじ止め，リベット，圧入など |
| 処理加工 | 表面処理 | | PVD，CVD，めっき，溶射など |
| | 熱処理 | | 焼ならし，焼なまし，焼入れなど |

## 1 鋳造

**鋳造**（ちゅうぞう）とは，溶融した金属（溶湯（ようとう））を鋳型（いがた）に流し込み，冷却・凝固させて目的の形状の製品（鋳物（いもの））を造る方法です。鋳型は砂型と金型に大きく分けられ，鋳肌は金型のほうが滑らかです。溶湯を型に流し込むことを「鋳込む（いこ）」といい，鋳込み温度は高い順に鋳鋼，鋳鉄，銅合金です。

### ●鋳造の種類

| ダイカスト鋳造法 | 精密な金型に溶湯を圧入して鋳物を造る方法 |
|---|---|
| ロストワックス鋳造 | 蝋（ろう）（ワックス）などの融点の低いもので模型を作成し，その周りを耐火性の材料で包み，加熱により模型を溶かし，蝋を流し出して鋳型とする方法。**インベストメント鋳造**ともいう |

| V プロセス | 鋳型を密閉して真空にすると砂粒子が結合し成形できることを利用した砂型鋳造法 |
|---|---|
| 低圧鋳造法 | 空気圧などを用いて溶融金属で圧入して製造する方法 |

●鋳物の欠陥

| 引け巣 | 鋳物が凝固・収縮する際にできるくぼみや孔<br>**対策**　押し湯（収縮分の溶湯の補給）をする |
|---|---|
| ピンホール | 1mm 以下の小さい気泡状の巣。鋳型の乾燥不足が原因 |

## 2　塑性加工

　**塑性加工**とは，金属などの材料に力を加えてその形を変化させ，目的の形状に加工することです。**塑性**とは，力を加えて変形させたときに，変形したまま元に戻らない性質をいいます。塑性加工には鍛造，圧延，板金プレス加工などがあります。

●塑性加工の種類

| 鍛造 | | 金属などの固体材料をハンマなどでたたき，目的の形状を造る方法。組織が緻密で，鋳造に比べて鋳巣（空洞）が生じにくく，強度に優れた製品が造れる |
|---|---|---|
| | 熱間鍛造 | 材料を赤熱状態まで加熱して行う鍛造。成形の他に，鍛錬により材料の機械的性質を向上させる目的がある |
| | 冷間鍛造 | 常温で行われる鍛造。仕上がりの製品の寸法精度が熱間鍛造より優れる |
| 圧延 | | 回転する複数のロールの間に金属材料を通して，板・棒などの形に成形する方法。材料を加熱して行う熱間圧延と常温で行う冷間圧延がある |
| 板金プレス加工 | | プレス機械を用いて金属板を変形させて目的の形状を得る方法 |

## 3　切削加工

　**切削加工**とは，切削工具を用いて工作物の不要部分を削り取り，目的の形状・寸法にする加工法です。切削工具にはバイト，ドリル，フライス，ホブ，ブローチ，リーマ，研削砥石，ホーンなどがあります。切削加工には次のようなものがあります。

| 旋削 | 工作物に回転運動を与え，工具に送り運動を与えることで，工作物を目的の形状に切削する加工。主に旋盤を用いる |
|---|---|

| 研削<br>けんさく | 高速で回転している研削砥石を用いて，砥石を構成する硬く微細な砥粒に<br>とりゅう<br>より加工物を削り取る加工法 |
|---|---|

## 4 特殊加工

除去加工のうち特殊加工に分類されるものに，次のようなものがあります。

| 電子ビーム加工 | 真空中で電子ビームを工作物の表面に照射して加熱し，穴あけや表面硬化などを行う加工法 |
|---|---|
| 化学研磨<br>けんま | 酸またはアルカリ溶液中で化学的に表面を研磨する方法。平滑な光沢面が得られる |
| 電解研磨 | 電気分解を利用して金属などの表面を研磨する方法 |
| レーザ加工 | レーザ光線を被加工物の表面に照射し，切断・穴あけ・溶接などを行う加工法。光エネルギーを熱エネルギーに変換して加工に利用。真空加工室を必要とせず，また材料に接触せずに加工するため薄い部品の切断もできる |
| フォトエッチング | 写真製版技術の応用。用途は電子部品のプリント配線など |

## 5 手仕上げ作業

**手仕上げ作業**とは，各種の工具を用い，工作物などを手加工で仕上げる作業
てしあ
をいいます。手仕上げ作業でおねじを作るときはダイス，めねじを作るときは
タップという工具を用います。

### ●手仕上げ作業の種類

| やすり作業 | やすりを用い，工作物の表面を削り取る作業 |
|---|---|
| ラップ仕上げ作業 | ラップという研磨工具を用い，機械や手仕上げで仕上げた工作物の表面の凹凸を取り除き，平滑かつ高精度な面に仕上げる作業。ラップ加工ともいう |
| きさげ作業 | きさげという削り工具を用い，機械ややすりで仕上げた工作物の表面を，さらに滑らかに仕上げる作業。きさげ加工ともいう。加工後の摺動面に油だまりと呼ばれるくぼみができる。赤当たりの次に黒当たりを行う |
| | 赤当たり<br>あかあ | 定盤に光明丹（赤色塗料）を塗り，加工面とすり合わせると，加工面の高い箇所に光明丹が付き，赤当たりができるので，そこを削る（荒削り） |

| くろ あ<br>黒当たり | 加工面に光明丹を塗り，定盤とすり合わせると，加工面の高い箇所の光明丹が取れ，黒当たりができるので，そこを削る（仕上げ削り） |
|---|---|

# 6 溶接

　溶接とは2個以上の母材を，接合部が連続性をもつように，熱や圧力などで一体にする操作です。溶接は，母材を溶融させて接合する融接，熱や圧力などで接合する圧接，ろうを用いてぬれ現象で接合するろう接の3種類に大きく分けられます。

| 融接 | ●アーク溶接 　　　　●ガス溶接<br>●電子ビーム溶接　　●レーザ溶接 |
|---|---|
| 圧接 | ●抵抗溶接　　●ガス溶接　　●鍛接 |
| ろう接 | ●ろう付け　　　　●はんだ付け |

※ろう付け：ろうを用いて母材をできるだけ溶融しないで行う溶接方法

## ●溶接の種類

　溶接には次のような種類があります。

| アーク溶接 | アーク放電（熱電子放出を主とした放電）により生じる高熱を利用して金属を溶接する方法。アーク溶接には，被覆アーク溶接と半自動アーク溶接などがある。アーク溶接機には直流と交流がある |
|---|---|
| | 被覆アーク溶接 | 被覆アーク溶接棒を用いるもの。溶接操作が簡単。風に強い。手棒溶接ともいう。フラックス（被覆剤）はアークの安定，溶融金属の精錬，急冷防止の役割がある。ティグ溶接などがある |
| | 半自動アーク溶接 | 溶接ワイヤは自動送給，溶接トーチの移動は手動で行う。被覆アーク溶接に比べて，一般に溶着速度が大きく高能率。マグ溶接，ミグ溶接，炭酸ガスアーク溶接，サブマージアーク溶接などがある |
| ガス溶接 | | アセチレンなどの燃料ガスと酸素との混合気体を燃焼させ，その高温により金属の溶接を行う方法。酸素－アセチレン溶接の炎の温度は，溶接トーチの火口の白心先端から2～3mmのところが最も高い。溶接時，溶解アセチレン＊の容器は立てて置く。鉄鋼以外に銅，銅合金の溶接も可能。薄板に適する。酸素容器の塗色は黒，溶解アセチレン容器の塗色は褐色。酸素のホースの色は青が標準。アセチレンガスは酸素ガスより比重が小さい |

**149**

| 電子ビーム溶接 | 真空中で陰極から放出された電子を高電圧で加速し，被溶接部に衝突させてそのエネルギーで溶接する方法。薄板から厚板まで溶接が可能。異種金属の溶接が可能。複雑な溶接が可能 |
|---|---|
| 抵抗溶接 | 溶接部に強電流を流し，ジュール熱を利用して金属を接合する溶接。抵抗溶接には，スポット溶接（点溶接），シーム溶接などがある |

＊アセチレンガスは不安定なため，DMF などの溶剤に溶かし，安定な溶解アセチレンにして容器に充填し供給される

●**溶接欠陥**

溶接部の欠陥には次のようなものがあります。

| アンダカット | 溶接によって生じた止端の溝。溶接速度が大きく溶接電流が過大の場合に起きる |
|---|---|
| ブローホール | 溶接金属内にガスが残留し，空洞が生じたもの。気孔<br>**防止策** サビ・湿気・油脂などを除去する。母材表面が亜鉛処理されている場合も除去処理を行う |
| 溶込み不良 | 設計上の溶込みに対して実溶込みが不足しているもの |

## 実戦問題

**問題1　機械工作法に関する記述のうち，適切なものはどれか。**

イ　ガス溶接法は，温度の調節が容易なため，ひずみが少なく，薄板には適さない。

ロ　ダイカストは，鋳型を密閉して真空にすると砂粒子が結合し成形できることを利用した鋳造法である。

ハ　鍛造の主な方法には，熱間鍛造と冷間鍛造がある。

ニ　電気溶接でアンダカットの原因は，電流が少なく溶接棒の運びが悪いためである。

**問題2　被覆アーク溶接における溶接棒のフラックス（被覆剤）の働きに関する記述のうち，適切でないものはどれか。**

イ　急冷を防止する。

ロ　溶融金属の精錬作用がある。

ハ　溶接中のアークを安定させる。

ニ　心線の溶融を容易にする。

―――――――――――　**実戦問題 解説**　―――――――――――

**問題1**

イ　ガス溶接法は，薄板に適します。

ロ　ダイカストは，精密な金型に溶湯を圧入して鋳造する方法です。

ニ　アンダカットは，溶接電流が過大の場合に起きます。

**問題2**

ニ　フラックス（被覆剤）は，心線の溶融を容易にするものではありません。

第**8**章　機械工作法と非破壊検査

# 2 非破壊検査

**学習のポイント**
非破壊検査とその種類・特徴・用途などについてみていきます。

## 試験によく出る重要事項

### 1 非破壊検査とは

**非破壊検査**（ひ・は・かい）とは簡単に言えば，ものを壊さずに検査する技術のことです。検査をするには，まず試験をする必要があります。それが**非破壊試験**です。

| 非破壊試験<br>（NDT） | 製品や素材を破壊することなく，きず（欠陥）の有無とその大きさ・位置・形状・分布状態などを調べる試験 |
|---|---|
| 非破壊検査<br>（NDI） | 非破壊試験の結果から，規格などによる基準に従って合否を判定する方法。部品・機械などの材料欠陥，熱処理欠陥，工作きずなどの探査のために行う |

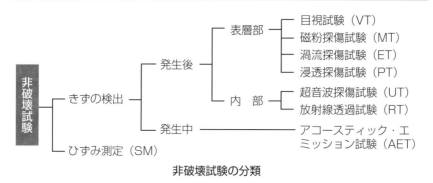

非破壊試験の分類

### 2 非破壊試験の種類

非破壊試験の種類には次のようなものがあります。

| 磁粉探傷試験<br>(MT) | 鉄鋼材料などの試験体を磁化させ，生じた漏洩磁束により吸着された磁粉の模様を目視で観察し，表面・表層部のきずを検出する。きずの深さは検出できない。強磁性体以外の材料には適応しない。一般に交流磁化が用いられるが，直流磁化を用いることもある。乾式・湿式の別もある。磁束線の方向に直角の方向の亀裂が発見しやすい。溶接欠陥の探傷に適する。**磁気探傷試験**ともいう |
|---|---|
| 渦流探傷試験<br>(ET) | コイルに電流を流したときの磁場によって金属内部に発生する渦電流がきずなどにより乱れることを利用し，きずを検知する。渦電流探傷試験，電磁誘導試験ともいう。表層部の割れ，ピンホールなどの検出に用いる |
| 浸透探傷試験<br>(PT) | きずのある表面に浸透液を染み込ませ，これを現像液による毛細管現象によって拡大された指示模様を目視で観察し，表面・表層部のきずを検出する。内部きずは検出できない |
| 染色浸透探傷試験 | 浸透液，現像液，洗浄液（除去液）の３液を用い，表面の目に見えないきずを容易に見つける方法。**カラーチェック**ともいう |
| 超音波探傷試験<br>(UT) | 超音波が材料の不連続部で反射する性質を利用し，内部のきずを検出する。きずから反射された波が戻ってくるまでの時間によりきずまでの位置を知る。超音波は伝播する距離が長いほど弱くなる。表面からの距離が遠いほど反射波は弱くなる。エコーが大きいほどきずが大きい。溶接部内部の融合不良やスラグの巻き込みなどを検出できる<br>**垂直探傷と斜角探傷**　探傷面に対し超音波を垂直に送信する垂直探傷と，斜めに送信する斜角探傷があり，いずれもきずの大きさ・位置はきずからの反射波（エコー）で測定する。斜角探傷は，垂直探傷に比べて探傷面に平行な広がりのあるきずには向かない |
| 放射線透過試験<br>(RT) | 放射線が物質を透過する性質を利用し，試験体に放射線（X線・γ線など）を照射して，透過した放射線の強度の変化から，内部のきずを検出する。ブローホールの検出に適する。表面のきずの検出には適さない。γ線透過試験の装置は，構造が簡単で持ち運びも可能。γ線はX線より波長が短く，透過力が強い。放射線探傷試験ともいう |
| アコースティック・エミッション試験（AET） | 材料が変形・破壊するときに生じる弾性波（アコースティック・エミッション）をAEセンサで検出する。発生中のきずを検出するのが特徴。AE試験は圧力容器の水圧試験に併用される |

第8章　機械工作法と非破壊検査

153

| ひずみ測定<br>（SM） | 構造物のひずみに伴うひずみゲージの変形による電気抵抗値の変化を計測し，ひずみの大きさを測定する。構造物の応力分布も測定できる。ひずみゲージは温度変化の影響を受けやすく，電気抵抗値の変化の計測には**ホイートストンブリッジ回路**を用いる |
| --- | --- |

超音波探傷試験については
特によく出題されています

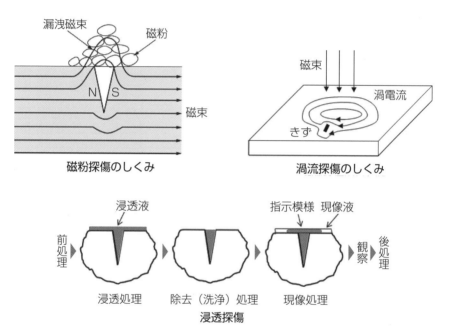

漏洩磁束　磁粉

磁束

**磁粉探傷のしくみ**

磁束　渦電流

きず

**渦流探傷のしくみ**

浸透液　指示模様　現像液

前処理　浸透処理　除去（洗浄）処理　現像処理　観察　後処理

**浸透探傷**

# 実戦問題

**問題1　非破壊検査に関する記述のうち，適切でないものはどれか。**

イ　磁粉探傷試験は，非磁性体の材料には適応しない。

ロ　渦流探傷試験は，表層部の割れ，ピンホールなどの検出に用いる。

ハ　放射線透過試験は，歯面に焼入れをした歯車の表面検査に適している。

ニ　染色浸透探傷試験の手順は，前処理を行った後に表面へ浸透液を塗布する。

**問題2　非破壊試験に関する記述中の下線部イ～ニのうち，適切でないものはどれか。**

　溶接部や素材に非破壊試験を行って，イ表面欠陥や内部欠陥の有無を調べて健全性を評価することができる。表層部に関する情報を得るものには，ロ渦流探傷試験，ハ磁粉探傷試験などがあり，内部に関する情報を得るものには，ニ浸透探傷試験，超音波探傷試験などがある。

---
## 実戦問題 解説
---

**問題1**

ハ　放射線透過試験は，表面検査には適しません。

**問題2**

ニ　浸透探傷試験では，内部きずは検出できません。

第**8**章　機械工作法と非破壊検査

# 油圧と空気圧

第9章では，油圧装置と空気圧装置につい
て扱います。

**1** 油圧・空気圧装置の基礎
**2** 油圧装置
**3** 空気圧装置

# 1 油圧・空気圧装置の基礎 重要度★★★

**学習のポイント**
油圧装置，空気圧装置の基本的な事項についてみていきます。

## 試験によく出る重要事項

**油圧装置**とは，油圧（油の圧力）により機器を動かす装置のことで，**空気圧装置**とは，空気圧（空気の圧力）により機器を動かす装置のことです。

## 1 油圧・空気圧装置のしくみと特徴

### ●油圧・空気圧装置のしくみ

油圧装置や空気圧装置は，駆動源・制御部・駆動部に大きく分けられ，各種の油圧・空気圧機器が存在します。各機器を配管でつないで構成した回路をそれぞれ**油圧回路**，**空気圧回路**といいます。

| 駆動源 | ポンプ・圧縮機により流体が送り出される部分 |
|---|---|
| 制御部 | 流体の流れる圧力・流量・方向などを制御する部分。弁が各所に存在する |
| 駆動部 | 流体の圧力エネルギーを機械エネルギーに変換する部分。シリンダ，モータなどがある |

### ●油圧装置と空気圧装置の違い

油圧装置の場合，駆動に使用された油は戻り配管を経由してポンプに戻りますが，空気圧装置の場合，駆動源は空気圧縮機で，駆動に使用された圧縮空気は大気に放出するため，戻り配管は不要です。

### ●サーボ回路

速度や位置を正確に制御するためにフィードバック技術を用いた回路を**サーボ回路**といい，電気などの入力信号の関数として，流量・圧力を制御するバルブを**サーボバルブ**（サーボ弁）といいます。

## 2 パスカルの原理

　油圧装置や空気圧装置は，**パスカルの原理**を応用したものです。パスカルの原理とは「密封した容器内に静止している流体の一部に加えた圧力は，流体のどの部分にも同じ強さで伝わる」というものです。

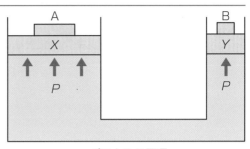

パスカルの原理

　たとえば図のように流体で満たされた，断面積 $a$，$b$ の U字管の左右のピストンA，Bの重さが $X$，$Y$，流体の圧力が $P$ であるとき，次式が成り立ちます。

$$P=\frac{X}{a}=\frac{Y}{b}$$

## 3 シリンダ推力

　油圧装置や空気圧装置を構成する要素の1つに，圧力エネルギーを機械的エネルギーに変換する**シリンダ**があります。シリンダの推力（押し出す力）の求め方は，シリンダの片側から圧力をかける**片押し式**と，両側から圧力をかける**差動式**で異なります。

● シリンダ推力の計算方法

| | |
|---|---|
| 片押し式 | 推力［N］＝圧力［Pa］×ピストンの断面積［m²］ |
| 差動式 | 推力［N］＝圧力［Pa］×ピストンロッドの断面積［m²］ |

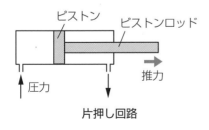

ピストン　ピストンロッド

圧力　　　　　推力

片押し回路

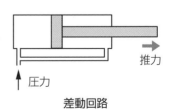

圧力　　　　推力

差動回路

**問題1** 下図において，シリンダの推力値として最も近いものはどれか。ただし，圧力 $P_1$ = 6MPa，$P_2$ = 0MPa，ピストン径は 40mm，ロッド径は 16mm とし，パッキン，配管などのエネルギー損失はないものとする。

イ 6400N
ロ 7500N
ハ 8600N
ニ 9700N

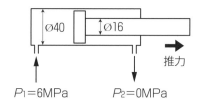

$P_1$=6MPa  $P_2$=0MPa

推力

**問題2** 下図において，シリンダの推力値が最も近いものはどれか。ただし，圧力 $P$ = 6MPa，ピストン径は 50mm，ロッド径は 22mm とし，パッキン，配管などのエネルギー損失はないものとする。

イ 1270N
ロ 1570N
ハ 2080N
ニ 2280N

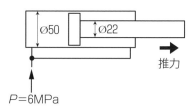

$P$=6MPa

推力

---
### 実戦問題 解説
---

**問題1**

$$推力 [N] = 圧力 [Pa] × ピストンの断面積 [m^2]$$
$$= (6×10^6) × \pi × \left( \frac{40×10^{-3}}{2} \right)^2$$
$$= 7536 [N]$$

**問題2**

$$推力 [N] = 圧力 [Pa] × ピストンロッドの断面積 [m^2]$$
$$= (6×10^6) × \pi × \left( \frac{22×10^{-3}}{2} \right)^2$$
$$≒ 2280 [N]$$

実戦問題 解答●問題1 ロ　問題2 ニ

# 2 油圧装置

重要度★★★

**学習のポイント**
油圧装置と，それを構成する各機器の種類や特徴などについてみていきます。

## 1 油圧装置

　油圧装置は，まず電源を入れるとモータが回り，油圧ポンプが作動し，タンクの油を油圧シリンダの一方のポート（配管接続口）から供給して，シリンダの推力を働かせます。使い終わった油はもう一方のポートから出て油タンクに戻されます。

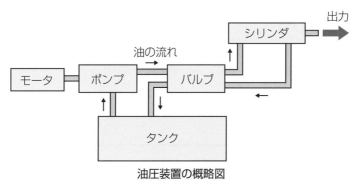

油圧装置の概略図

油圧装置については
よく出題されています

### ●油圧装置の構成

油圧装置は主に次の5つの要素から構成されています。

| 油圧ポンプ | 油圧タンクの油を吸い込んで加圧し，回路に送り出す。通常は電動機で駆動され，定容量形と可変容量形がある |
| --- | --- |
| 油圧バルブ | 圧力・流量・方向などの制御を行う。油圧制御弁ともいう |
| 油圧タンク | 油を貯蔵するタンク。回路に油を供給し，戻ってくる油を受け取る。油タンクともいう |

第**9**章 油圧と空気圧

| 油圧アクチュエータ | 油圧のエネルギーを機械的エネルギーに変換する。油圧シリンダ，油圧モータがある |
|---|---|
| 油圧アクセサリ | 配管・継手・圧力計・フィルタなどの補助的な機器 |

●**油圧装置の特徴**

油圧装置には次のような特徴があります。

| 長所 | ●非圧縮性のため正確な伝達が可能<br>●小型のポンプで大きな力が出せる<br>●振動が少なく，作動が円滑<br>●耐久性がある<br>●エネルギーの蓄積がアキュムレータで可能 |
|---|---|
| 短所 | ●油漏れのおそれがある<br>●配管が面倒<br>●整備には高度な技術が必要 |

## 2 油圧ポンプ

**油圧ポンプ**とは，油圧を高めるためのポンプです。電動機駆動の油圧ポンプでは，負荷時の吐き出し量はポンプ容積効率と電動機の滑り率を考慮します。

●**油圧ポンプの種類**

| ベーンポンプ | | ロータ（回転子）内にケーシングに内接するベーン（羽根）をもち，ベーン間に吸い込んだ液体を吐き出し側に送り出す。軽量小型。比較的構造が簡単で，効率も良い。ギヤポンプ，ピストンポンプより脈動率が低い。ベーン先端が多少摩耗しても漏れの原因になるすき間が発生しない |
|---|---|---|
| | 定容量形 | 吐き出し量が回転数に比例する |
| | 可変容量形 | ロータとリングの偏心量を変えることで吐き出し量が変えられる |
| ピストンポンプ | | シリンダ内のピストンの往復運動によりシリンダ内の容積を変えることで吸液・排液する。ベーンポンプ，ギヤポンプよりも構造が複雑だが，高圧が出せて効率が良い。脈動により騒音・振動源になりやすい。ラジアル形とアキシアル形がある。プランジャポンプともいう |
| ギヤポンプ | | 他のポンプに比べて構造が簡単で部品点数も少なく，安価で耐久性に優れ，ごみにも強い。歯車ポンプともいう |

162

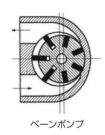
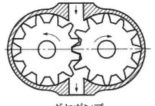

ベーンポンプ　　　　　　　　　ギヤポンプ

### ●油圧ポンプの性能

　油圧ポンプの性能を表すものには，ポンプの出力やポンプの吐き出し量があります。ポンプの出力(所要動力)は<u>吐き出し圧力と吐き出し量</u>によって決まり，ポンプの入力は駆動軸に与えられるトルクと回転数によって決まります。吐き出し量減少の原因としては，ギヤやパッキン類の摩耗が挙げられます。

$$\text{ポンプの出力 [kW]} = \frac{\text{吐き出し圧力[MPa]×ポンプの吐き出し量[L/min]}}{60×\text{ポンプの全効率 [-]}}$$

$$\text{ポンプの吐き出し量 [L/min]} = \frac{\text{ポンプ容量[cm}^3\text{/r]×回転数[rpm]×ポンプの全効率[-]}}{1000}$$

### ●ポンプの異常音

　ポンプの異常音の原因には，①サクションフィルタの目詰まり，②ポンプの回転数が速すぎる，③ポンプ軸ベアリングの不良，④吸込み配管からのエア吸込み，⑤作動油の粘度が高い，などがあります。

## 3　油圧バルブ

### ●圧力制御弁

　油圧回路内の圧力を一定に保持したり，回路内の最高圧力を制限する弁で，次のような種類があります。

| | |
|---|---|
| リリーフ弁 | 回路内の圧力が弁の設定値に達すると，自動的に一部または全部の油を排出し，圧力を下げる機能をもつ弁。直動形とパイロット形があり，後者のほうが圧力制御精度は高い。**逃がし弁**，安全弁ともいう<br>**クラッキング圧力**　弁を開き始める圧力。この圧力が高いときに，チャタリング（作動が不完全で，弁が弁座をたたく振動現象）が起こる |
| 直動形 | 圧力が弁に直接作用して弁を開ける。構造が簡単で比較的小型。**圧力オーバーライド特性**[*1]や圧力制御精度が低い。チャタリングが起こりやすい。低圧小容量向け |

| | |
|---|---|
| パイロット形 | 余剰油を逃がすバランスピストン部と，圧力を調整するパイロット部からなる。圧力オーバーライド特性や圧力制御精度が高い。油圧バランス構造のためチャタリングは起こりにくいが，起きた場合は圧力オーバーライドを小さくする。**バランスピストン形**ともいう |
| 減圧弁 | 回路内の圧力が高すぎる場合に減圧して圧力を一定に保つための弁。入口（1次）側圧力より出口（2次）側圧力を低くする。圧力を逃がす必要があるため，ドレン*2は外部ドレン方式 |
| シーケンス弁 | 別々に作動する2つの油圧シリンダの一方の作動が終われば，他方の油圧シリンダを作動させる場合に用いる。直動形とパイロット形がある。ドレンは外部ドレン方式 |
| カウンタバランス弁 | シリンダなどの自重落下を防いだり，降下の速度を一定に保つために用いる。ドレンは内部ドレン方式 |
| アンロード弁 | 回路内の圧力が設定値を超えると，自動的に圧油をタンクに戻して圧力を低下させ，ポンプを無負荷状態にして動力を節約する。2次側回路が必ずタンクに接続されている。ドレンは内部ドレン方式 |

*1 クラッキング圧力と，全量流れる圧力との差を圧力オーバーライドといい，この値が小さいほど回路の効率が良く，圧力オーバーライド特性が高いとされる。

*2 ドレン：溜まり水の排水。

●流量制御弁

　油圧回路の供給油量を調整し，油圧モータや油圧シリンダなどの速度を制御する弁で，次のような種類があります。

| | |
|---|---|
| 絞り弁 | 弁内の絞り抵抗により流量を制御する。圧力の変動により流量も変動するという欠点がある。弁体が針状の**ニードル弁**とスプール（可動部品）を利用した**スプール弁**がある。可変絞り弁は絞り開度を変えることができる |
| 流量調整弁 | 圧力の変動があっても流量が一定になるように，バランスピストンを備えた絞り弁。圧力補償付き流量調整弁ともいう。流量調整弁が起動時に設定値を大きく上回る流量を瞬間的に流すジャンピング現象が起こる場合がある |
| デセラレーション弁 | ローラによる機械操作可変絞り弁。油圧アクチュエータを減速させるため，カム操作などにより流量を徐々に減少させる。減圧回路には使用されない |

●方向制御弁

　油圧アクチュエータの始動・停止や運動方向などを制御するために，油圧回

路の油の流れ方向を切り換える弁です。操作方法には機械式・電磁式・手動式などがあります。

| | |
|---|---|
| 電磁弁 | 電磁石（ソレノイド）の力を利用して電源の ON・OFF により油の流れ方向の切り換えを行う弁。ソレノイド弁ともいう。電流値が一定の直流ソレノイドと，電流値が変わる交流ソレノイドがある。交流ソレノイドは直流ソレノイドに比べて切り換え時間が早い<br>**故障とその対策** うなり音が出る場合は，分解掃除を行う。作動不良が起きた場合は，弁体への油の劣化物の混入を調べてオイルミストセパレータを設置する |
| 逆止め弁 | 油を1方向にだけ自由に流し，逆流は阻止する弁。ばねでポペット（可動部品）を閉じて流れを阻止する。回路内の圧力が設定値に達すると，油をタンクに逃がす機能をもつ。逃げ始めの圧力をクラッキング圧力といい，ばね力をシート受圧面積で割った値で表される。チェック弁ともいう |
| パイロットチェック弁 | 通常は油を1方向にだけ自由に流すが，必要に応じて外部からのパイロット圧力により逆流を可能にした弁 |

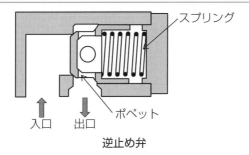

逆止め弁

## 4 油圧アクチュエータ

**油圧アクチュエータ**とは，油圧ポンプから送り出された油圧のエネルギーを機械的エネルギーに変換する装置をいい，油圧シリンダや油圧モータがあります。

●油圧シリンダと油圧モータ

| | | |
|---|---|---|
| 油圧シリンダ | | 油圧のエネルギーを直線往復運動の機械的エネルギーに変換する装置。シリンダ内を往復運動するピストン，ピストンの運動をシリンダの外部に伝えるピストンロッドなどから構成される<br>**故障とその対策**　油圧シリンダを利用したクランプ装置でスティックスリップ（振動現象）が発生した場合はシリンダの速度を上げる。作動中に息つき運動をしたり振動するのは，ボルトの緩みやエア抜きの不十分などが原因。速度の低下は，油圧ポンプの容積効率の低下や圧力上昇不良などが原因 |
| | 単動形 | 油の出入口がシリンダの片側にあり，シリンダは油圧の力で伸ばし，ばねの力などにより縮めるもの |
| | 複動形 | 油の出入口がシリンダの両側にあり，伸び縮みともに油圧の力によるもの。差動回路における片ロッド形\*複動シリンダは出力が小さく，速度は速い。両ロッド形は前進・後進スピードの等速化のためなどに用いる。重なり合うシリンダが伸縮する**テレスコピック形**もある |
| 油圧モータ | | 油圧のエネルギーを回転運動の機械的エネルギーに変換する装置。供給する油の圧力を制御することによって出力トルクや油圧モータ速度を制御する |
| | ベーン形 | ロータ内にあるベーン（羽根）の間に流入した油によりロータが回転 |
| | ピストン形 | 油圧がピストン端面に作用し，その圧力によりモータ軸が回転 |
| | ギヤ形 | 流入した油によりケーシング内で噛み合う2個以上のギヤが回転 |

＊ピストンロッドがピストンの片側にあるものを片ロッド形，両側にあるものを両ロッド形という

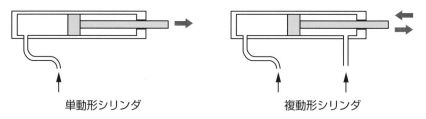

単動形シリンダ　　　　　　　　複動形シリンダ

## 5　油圧アクセサリ

　油圧装置の中で補助的な役割を果たしている**油圧アクセサリ**には，次に掲げるものの他に配管・継手，圧力計・油温計などがあります。

## ●油圧アクセサリの種類

| | |
|---|---|
| アキュムレータ | 油の圧力のエネルギーを蓄えておき，必要に応じてエネルギーを放出する機器。油が漏れた場合に補充したり，停電などの際に緊急油圧源となる。エネルギー蓄積を目的とする場合の封入ガス圧力は，最低作動圧力の 80 ～ 90％が一般的。蓄圧器ともいう。気体圧縮式のブラダ形が主流で，気体には<u>窒素ガス</u>が用いられる。ピストン形もある |
| エアブリーザ | フィルタの一種。タンクに進入する空気をろ過し，作動油へのごみなどの混入を防ぐ |
| ストレーナ | フィルタの一種。圧油の中に混入する不純物をろ過する。<u>メッシュ数が大きいほど，ポンプ入口の圧力低下が大きくなり，キャビテーションが起こりやすくなる</u> |

## 6　作動油

　**作動油**は，油圧装置の回路の中を流れる流体で，油圧ポンプで生じるエネルギーを，油圧シリンダや油圧モータに伝達する働きをします。その他，摺動部の潤滑を良くしたり，金属のサビを防ぐ作用もあります。

> 作動油の種類・性質について
> しっかりおさえておきましょう

## ●作動油の種類

| | |
|---|---|
| 石油系作動油 | 最も一般的に使用されている作動油で，一般作動油や耐摩耗性作動油などがある。可燃性。鉱物油。<u>潤滑性が非常に良い</u>。耐火性・耐劣化性・不揮発性に弱い。新油の含水率は 0.05%（500ppm）以下 |
| 一般作動油 | パラフィン系原油を精製した基油（ベースオイル）に，<u>酸化防止剤・防錆剤・消泡剤</u>*1 などの添加剤を入れたもの。油圧装置の大半はこの作動油で十分な性能と耐久性が得られる。**R&O 型作動油**ともいう |
| 耐摩耗性作動油 | スティックスリップ防止のための<u>粘度指数（VI）向上剤</u>や極圧性能向上のための<u>極圧（EP）添加剤</u>を加えたもの。高速・高圧で使用する油圧機器に適する。摩耗・焼付きを防ぐ |
| 合成系作動油 | 難燃性・耐火性。高温・低温用として人工的に合成された作動油。油温変化に対する粘度変化の割合が小さい。石油系に比べて酸化性・潤滑性・腐食性が劣る。用途は航空機や耐火性用などに限られる |

| りん酸エステル系 | 水分の混入には十分注意する。ニトリルゴムは使用できない |
|---|---|
| 脂肪酸エステル系 | 水分の混入には十分注意する。潤滑性・安定性は鉱油より優れる。難燃性は水・グリコール系に劣る |
| 水成系作動油 | 難燃性・耐火性。引火の危険性が高い装置で用いられる。石油系に比べて潤滑性・耐食性が劣る。含水系作動油ともいう |
| 水・グリコール系 | 水含有量は40%程度。引火・着火せず，危険性が低い。防錆性がある。潤滑性が良い。粘度指数が高い。Zn，Al，Mgなどと反応する。一般の作動油の混入を避ける |
| W/Oエマルション系*2 | 油中水滴型。水含有量は40%程度。潤滑性・耐食性が良い。粘度指数が高い。Zn，Cd，Cuなどと反応する |
| O/Wエマルション系 | 水中油滴型。水含有量は90%程度。潤滑性が低いため，用途は特殊なものに限られる。防錆性がある |

＊1　消泡剤：気泡を消す作用がある添加剤。
＊2　エマルション：互いに混じりあわない液体の系で，一方が滴となり他方に分散している状態。乳化状。

●作動油の特性（代表例）

| | 石油系 | W/O系 | 水・グリコール系 | りん酸エステル系 | 脂肪酸エステル系 |
|---|---|---|---|---|---|
| 比重 | 0.87 | 0.93 | 1.05 | 1.13 | 0.93 |
| 粘度 [mm²/s]40℃ | 32 | 95 | 38 | 42 | 40 |
| 粘度指数 (VI) | 100 | 140 | 146 | 20 | 160 |
| 高温使用限界 (℃) | 70 | 50 | 50 | 100 | 100 |
| 低温使用限界 (℃) | − 10 | 0 | − 30 | − 20 | − 5 |
| 流動点 (℃) | − 25 | − 13 | − 40 | − 20 | − 10 |
| 引火点 (℃) | 224 | なし | なし | 262 | 257 |

●作動油の性質

| 比重 | 大きくなるほどポンプの吸い込み性能が低下する。そのためストレーナや配管径の容量に注意する |
|---|---|
| 粘度 | 油圧機器の摩耗，油漏れ，機械効率，圧力損失などに大きく影響する。そのため条件に合った粘度を選ぶ。適度な粘度があるものほど望ましい。粘度が高すぎると，キャビテーションが起きやすい |

| 粘度指数 | 粘度指数が高いほど温度による粘度変化が小さい。粘度指数の高いものほど望ましい |
|---|---|
| 潤滑性・耐摩耗性 | 摩擦を小さくし，摩耗・焼付きを抑える性質。潤滑性・耐摩耗性の高いものほど望ましい |
| 流動点 | 冷却して全く流動しなくなる凝固点より 2.5℃高い，凝固する直前の温度。低温使用限界を定めるもので，流動性の目安となる。一般に流動点より 10 〜 20℃程度高い温度を低温使用限界としている。耐寒冷用には流動点降下剤が用いられる。流動点が低いものほど望ましい |
| 引火点 | 加熱して炎を近づけたとき，発生した蒸気が引火する最低の温度。洗浄油などが混入すると引火点が低下するため注意する。引火点が高いものほど望ましい |
| 酸化安定性 | 作動油が酸化して劣化すると，油中にスラッジ（泥状の沈殿物）を生じ，潤滑性能が低下する原因となる。酸化安定性が高いものほど望ましい |
| 抗乳化性 | 乳化しにくく，乳化しても水を分離しやすい性質。乳化しても水を分離しやすい性質を特に**水分離性**という。酸化を防ぐために添加剤を入れすぎると，抗乳化性が落ちる。抗乳化性・水分離性の高いものほど望ましい |
| 圧縮性 | 空気が混入すると圧縮性をもつので注意する。非圧縮性であることが望ましい |
| 消泡性 | 気泡の発生を抑えたり，気泡と速く分離する性質。圧力が低下して油中の空気が気泡になって高圧下に運ばれると，つぶれて騒音を起こす（**キャビテーション**）。消泡性の高いものほど望ましい |

### ●作動油の汚染管理

　作動油の中に入るごみ（コンタミ）の混入を防止したり清浄度の維持・改善を図ることを**コンタミネーションコントロール**といいます。作動油の汚染測定法には，油中の含有粒子を大きさによって層別する **NAS 等級**の他，試料油 100ml 中のごみの重量を測定する**質量法**があります。

## 7 油圧基本回路

　基本的な油圧回路には次のようなものがあります（油圧用図記号は P.221 参照）。

## ●圧力制御回路

| 無負荷回路 | 油圧アクチュエータが作動していないときに，油圧ポンプを無負荷状態にして動力損失を少なくし，油温の上昇を防ぎ油圧ポンプの寿命を延ばすための回路。アンロード回路ともいう |
|---|---|
| シーケンス回路 | 複数の油圧アクチュエータを順次作動させる場合に用いる回路。**順次動作回路**ともいう |
| 圧力調整回路 | 主回路の圧力とは別に回路の一部を減圧することにより，あらかじめ設定された圧力に調整する働きをする回路 |
| アキュムレータ回路 | アキュムレータを使用して圧力を保持することで，動力を節約したり急激な圧力の変動を吸収する働きをする回路 |
| 二圧回路 | ポンプ吐き出し圧力を高圧・低圧と変化させる必要がある場合に用いられる回路 |

## ●速度制御回路

| メータイン回路 | 流量制御弁が油圧アクチュエータの入口側にある回路。シリンダへの流入量を調節して速度を制御する。シリンダに正の負荷が作用する場合や，シリンダの急加速を防ぐ場合に用いる。絞り弁を絞ると速度は遅くなる |
|---|---|
| メータアウト回路 | 流量制御弁が油圧アクチュエータの出口側にある回路。シリンダからの流出量を調節して速度を制御する。負荷変動が大きい箇所や，ロッドの運動方向と同じ方向に作用する負荷に適する |
| ブリードオフ回路 | 油圧ポンプからアクチュエータに流れる流量の一部をタンクにバイパスして，速度を制御する回路。無駄な消費動力が小さく回路効率が良い。負荷変動が大きい場合，正確な速度制御が困難 |
| 同期回路 | 複数の油圧シリンダや油圧ポンプを同時に同速度で作動させたい場合に用いる回路。**同調回路**ともいう |
| 差動回路 | シリンダの両側のポートに同時に圧油を送り込む回路。ポンプから送られる量で得られるシリンダ速度よりも大きい速度を必要とする場合に用いる回路 |

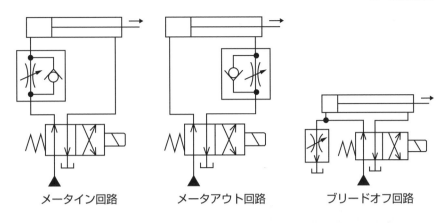

メータイン回路　　　　　メータアウト回路　　　　ブリードオフ回路

## 実戦問題

**問題1　油圧装置に関する記述のうち，適切なものはどれか。**

イ　ギヤポンプは，ベーンポンプに比べて部品点数が多い。

ロ　可変吐き出し量ベーンポンプは，吐き出し量が回転数に比例する。

ハ　減圧弁は，外部ドレン方式である。

ニ　リリーフ弁は，バランスピストン形リリーフ弁やブラダ形リリーフ弁に大きく分けられる。

**問題2　油圧装置に関する記述のうち，適切でないものはどれか。**

イ　アンロード弁は，設定圧力を超えると自動的に圧油をタンクに戻す。

ロ　アキュムレータでは，エネルギー蓄積を目的とする場合，封入ガス圧力は最低作動圧力の 40 ～ 50% が一般的である。

ハ　方向制御弁の操作方法には，機械式・電磁式・手動式などがある。

ニ　油圧ホースを取り付けるときは，適度なたるみを持たせる。

## 実戦問題　解説

**問題1**

イ　ギヤポンプは，ベーンポンプに比べて部品点数が少ないです。

ロ　可変吐き出し量ベーンポンプは，ロータとリングの偏心量を変えることにより吐き出し量が変えられます。

ニ　リリーフ弁は，バランスピストン形リリーフ弁と直動形リリーフ弁に大きく分けられます。

**問題2**

ロ　封入ガス圧力は最低作動圧力の 80 ～ 90% が一般的です。

実戦問題　解答●問題1 ハ　問題2 ロ

第**9**章　油圧と空気圧

# 3 空気圧装置

重要度★★☆

> **学習のポイント**
> 空気圧装置と，それを構成する各機器の種類や特徴などについてみていきます。

## 試験によく出る重要事項

### 1 空気圧装置の特徴

空気圧装置には次のような特徴があります。

| | |
|---|---|
| 長所 | ●機器が比較的**小型**・**軽量**で低コスト<br>●油圧に比べて軽・中作業に適する<br>●空気は圧縮性のため，空気タンクによりエネルギーの蓄積が容易<br>●短時間の高速作動や停電時の緊急作動が可能<br>●配管や保守・管理が油圧に比べて容易<br>●外部へ漏れた場合でも油圧のような引火や環境汚染の心配がない<br>●油圧に比べて許容温度範囲が－40℃～200℃と広い<br>●過負荷防止装置が不要<br>●油に比べて空気は粘性が低いため，圧力損失が小さい |
| 短所 | ●使用圧力が低く，大きな力が得にくい<br>●信号伝達がやや困難<br>●**速度制御**が油圧に比べて劣る<br>●使用圧力範囲が油圧に比べて低い<br>●空気には潤滑性がないため，潤滑対策が必要<br>●空気は水を含むため，防錆（ぼうせい）対策が必要 |

### 2 空気圧装置の構成

空気圧装置の基本的な構成は，次のようになっています。

| 空気圧力源装置 | 空気清浄化機器 | 潤滑機器 | 制御部 | アクチュエータ |
|---|---|---|---|---|
| 圧縮機<br>アフタクーラ<br>空気タンク | フィルタ<br>ドレン分離器<br>ドライヤ | ルブリケータ | 圧力制御弁<br>方向制御弁<br>流量制御弁 | シリンダ<br>モータ |

●**空気圧力源装置**

空気圧力源装置には次のようなものがあります。

| | | |
|---|---|---|
| 圧縮機 | | 空気などの気体を圧縮し，高圧化・液化して吐き出す機械。コンプレッサともいう。圧縮機により圧縮された空気を**圧縮空気**という |
| | ターボ式 | 羽根車の高速回転によって圧縮する。大容量・大型に適する |
| | スクリュ式 | 互いに噛み合うロータ（回転子）の高速回転により圧縮する |
| | 往復式 | ピストンの往復運動によりシリンダ容積を変化させることで圧縮する |
| アフタクーラ | | 圧縮機が吐き出す圧縮空気を冷却し，圧縮空気中の水分を除去する装置 |
| 空気タンク | | 圧縮空気を蓄えておく機器。一時的に多量の空気が使われる場合の急激な圧力降下を防いだり，停電で圧縮機が停止した場合などに，空気圧を供給する。大きいものほど圧力変動が小さくなる。エアタンクともいう |

●**空気清浄化機器**

圧縮空気中の水滴やごみ，ドレン（**凝縮水**）などを取り除き，清浄な空気を供給する空気清浄化機器には次のような種類があります。

| | |
|---|---|
| 空気圧フィルタ | 圧縮空気をろ過する。空気圧フィルタ内のドレン量はバッフルプレート*の下端を上限とする。エアフィルタともいう |
| ドレン分離器 | 圧縮空気中のドレンを自動的に排出する。ドレンセパレータともいう |
| エアドライヤ | 圧縮空気に含まれる水分を取り除き，乾燥した空気を作る機器 |

*バッフルプレート：溜まったドレンが再び空気中に混入するのを防ぐ板。

●**潤滑機器**

アクチュエータや方向制御弁などの摺動部に潤滑油を供給するため，圧縮空気中に給油をする潤滑機器には，ルブリケータがあります。

| | |
|---|---|
| ルブリケータ | 潤滑油を霧状（ミスト状）にして圧縮空気の流れに自動的に送り込む。**オイラ**ともいう。ルブリケータの滴下量は，シリンダが数回作動するごとに1滴落ちる程度とする |

●**制御部**

制御部では，圧縮空気の圧力・方向・流量の他，作動の順序や時間などの制御が行われます。

第**9**章 油圧と空気圧

| 圧力制御弁 | | 空気圧回路内の圧力を一定に保持したり，回路内の最高圧力を制限する弁 |
|---|---|---|
| | リリーフ弁 | 1次圧力が上昇して設定値に達すると，1次圧力を自動的に排気し圧力を下げる。弁体が弁座に対して垂直に移動する**ポペット式**と，ゴムなどの弾力性のあるダイヤフラムで流路を開閉する**ダイヤフラム式**がある。空気タンクに取り付ける。安全弁ともいう |
| | 減圧弁 | 回路内の圧力が高すぎる場合に減圧して圧力を一定に保つための弁。入口（1次）側の空気を調節し，出口（2次）側圧力を自動調圧する。**レギュレータ**ともいう。使用空気圧力範囲は，<u>上限値の3〜8割以内</u>。入口側の圧力変動や出口側の空気使用量の変動があっても，設定圧力の変動を抑える**直動形**と，パイロット機構を備え，出口側の圧力変化に敏感に対応する**パイロット形**がある |
| 方向制御弁 | | アクチュエータの始動・停止や運動方向などを制御するために，空気圧回路の空気の流れ方向を切り換える弁。操作方法には電磁式・機械式・手動式などがある。配管接続口（ポート）の数により2，3，4，5ポートに，切り換え位置の数により2，3，4位置に分類される |
| | 電磁弁 | 電磁石（**ソレノイド**）の力を利用して電源のON・OFFにより空気の流れ方向の切り換えを行う弁。直流ソレノイドは，交流ソレノイドに比べて<u>コイルの焼損が起きにくい</u>。交流ダブルソレノイドは，同時通電状態を続けると故障のおそれがある。複動シリンダの電磁弁には<u>5ポート型</u>が最も多く用いられている |
| | 急速排気弁 | 切換弁とアクチュエータの間に設けられ，<u>アクチュエータから排気を急速に行う弁</u>。<u>シリンダの速度を高める</u> |
| 流量制御弁 | | 空気圧回路に流れる空気の量を調整し，モータやシリンダなどの速度を制御する弁 |
| | 絞り弁<br>(しぼ) | 弁の開度を調節ねじで調整し，流路抵抗を変化させ流量を制御する。ニードル弁が最も多く用いられている。物体を抵抗が少ない状態で水平移動させる場合，複動エアシリンダの1方向絞り弁は<u>メータアウト型</u>を用いる |
| | 速度制御弁 | 絞り弁と逆止め弁を並列に組み合わせて一体としたもの。アクチュエータの速度制御に用いられる。スピードコントローラともいう |

●**空気圧アクチュエータ**

　空気圧ポンプから送り出された空気圧のエネルギーを機械的エネルギーに変換する装置で，空気圧シリンダや空気モータがあります。

| 空気圧シリンダ | 空気圧のエネルギーを直線往復運動の機械的エネルギーに変換する装置。ピストンロッドに伝えられる力は理論的には，ピストンの面積と空気圧の積で求められる。クッションバルブは締め込むとクッションが強くなる。エアシリンダともいう |
|---|---|
| 空気圧モータ | 空気圧のエネルギーを回転運動の機械的エネルギーに変換する装置。空気圧を利用してモータを回転させる。正転・逆転や始動・停止は方向制御弁で制御される。速度調節が自由にできる。ベーン形・ピストン形・ギヤ形などがある。エアモータともいう |

### ●空気圧アクセサリ

| 消音器 | 排気口から排気される空気の膨張に伴う破裂音を防ぐ |
|---|---|
| 空油変換器 | 空気圧を油圧に変換する機器。低速で円滑な作動に用いられる |
| 増圧器 | 1次側圧力を高圧の2次側圧力に変換する装置。面積の異なる2個のピストンが個別に作動し，元圧の1.5倍程度に圧力を高める |

## 3 空気圧回路

　空気圧回路は次図のようになっています（空気圧用図記号は P.221 参照）。空気圧回路の中で空気圧フィルタ，減圧弁，ルブリケータを空気圧調整ユニット（**3点セット**）といい，空気流入側からこの順に並んでいます。また，空気圧回路の空気漏れ箇所を発見するには，石けん水を塗ります。

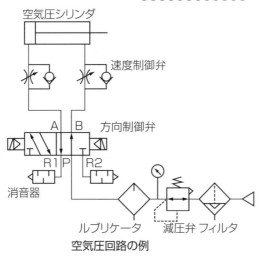

空気圧回路の例

## ●メータイン回路とメータアウト回路

速度制御にはメータイン回路とメータアウト回路があります。

| メータイン回路 | 単動形シリンダの速度制御や作動中に負荷が急激に減少する場合などに用いられる |
|---|---|
| メータアウト回路 | 一般的に用いられる |

## 実戦問題

**問題 1　空気圧装置に関する記述のうち，適切でないものはどれか。**

イ　空気圧モータは，逆回転でも使用ができる。

ロ　空気圧装置は，油圧装置に比べて，作動機器の精密な速度制御に適している。

ハ　直流ソレノイド電磁弁では，コイルの焼損は起こりにくい。

ニ　急速排気弁は，シリンダ速度を上げるために用いられる。

**問題 2　次の記述のうち，適切なものはどれか。**

イ　空気圧調整ユニット（3点セット）は，空気流入側からルブリケータ，空気圧フィルタ，減圧弁の順に並んでいる。

ロ　空油変換器は，圧縮空気から油圧にエネルギー変換し，高速で円滑な作動に用いることができる。

ハ　消音器は，排気口から排気される空気の膨張に伴う破裂音を防ぐ機器である。

ニ　空気圧は，油圧に比べて空気の圧縮性によりシリンダのスピードコントロールがしやすい。

―――――――――――――――― **実戦問題　解説** ――――――――――――――――

**問題 1**

ロ　空気圧装置は，油圧装置に比べて，速度制御に劣ります。

**問題 2**

イ　空気流入側から空気圧フィルタ，減圧弁，ルブリケータの順に並んでいます。

ロ　空油変換器は，圧縮空気から油圧にエネルギー変換し，低速で円滑な作動に用いることができます。

ニ　空気圧は，油圧に比べてシリンダのスピードコントロールが困難です。

第**9**章　油圧と空気圧

実戦問題　解答●問題 1　ロ　　問題 2　ハ

第 **10** 章

# 非金属材料と
# 表面処理

第 10 章では，非金属材料の種類・性質や，
金属材料の表面処理について一般的な事項
を扱います。

**1** 非金属材料
**2** 表面処理

# 1 非金属材料

重要度★★★

**学習のポイント**

プラスチック，ゴム，セラミックス，セメントなど非金属材料の種類・性質・用途についてみていきます。

## 試験によく出る重要事項

### 1 プラスチックの一般的性質

**プラスチック**は合成樹脂とも呼ばれ，一般に次のような性質があります。

| 長所 | ●耐食性・耐薬品性・防湿性・成形性に優れる<br>●電気・熱絶縁性が高い<br>●自由に着色でき，透明なものも得られ，外観が美しい |
|---|---|
| 短所 | ●耐熱性が低く，燃えやすい<br>●光・熱・酸素・オゾン・紫外線などにより劣化しやすい<br>●表面硬さが低く，表面が傷つきやすい<br>●熱膨張率が大きく，成形時・成形後に収縮変化が起こりやすい<br>●帯電しやすい |

### 2 プラスチックの種類

プラスチックは熱硬化性樹脂と熱可塑性樹脂に大きく分けられます。

#### ●熱硬化性樹脂

いったん加熱して硬化させると軟化せず，どんな溶媒にも溶けなくなる性質をもった樹脂で，次のような種類があります。

| ポリエステル樹脂 | **性質** 電気絶縁性・耐熱性・耐薬品性に優れる。低圧成形が可能。ガラス繊維で補強したものは壊れにくい |
|---|---|
| | **用途** 強化プラスチックとして自動車，建材，いすなど |
| シリコン樹脂 | **性質** 高・低温に耐える。電気絶縁性・耐熱性・耐油性・耐湿性・撥水性に優れる |
| | **用途** 電気絶縁材料，耐熱・耐寒グリース，消泡剤など |
| フェノール樹脂 | **性質** 電気絶縁性・耐熱性・耐酸性・耐水性に優れる。耐アルカリ性は低い |
| | **用途** 電気絶縁材料，機械部品，電気部品，プリント配線基板，鋳物用シェル鋳型など |

| エポキシ樹脂 | **性質** 電気絶縁性・接着性・耐水性・耐薬品性に優れる |
| | **用途** 電気絶縁材料，接着剤，塗料など |
| ポリウレタン樹脂 | **性質** 成形性・絶縁抵抗・耐アーク性が高い。耐摩耗性に優れる |
| | **用途** 断熱材，絶縁チューブ，スポンジ，ベルトなど |

#### ●熱可塑性樹脂

　常温では変形しにくい一方で，加熱すると軟化して成形しやすくなり，冷やすと再び固くなる性質をもった樹脂です。なお熱可塑性樹脂のうち，身近にたくさん使われるものを汎用プラスチック，機械部品などに使われるものをエンジニアリング・プラスチック（**エンプラ**）といいます。

| 塩化ビニル樹脂 | 主成分はポリ塩化ビニル（PVC） |
| | **性質** 電気絶縁性・耐酸性・耐アルカリ性・耐水性・強度に優れる。着色性・加工性も良い。耐熱性は低い。熱・酸素・オゾン・紫外線・有機溶剤などに弱い |
| | **用途** シート，フィルム，電気絶縁材料，建材，風呂敷，レインコート，玩具など幅広い |
| スチロール樹脂 | ポリスチレンともいう |
| | **性質** 無色透明。電気絶縁性・耐薬品性・耐水性に優れる |
| | **用途** 食器，雑貨，台所用品，玩具など |
| ポリアミド樹脂 | ナイロンともいう |
| | **性質** 強靭で，耐摩耗性・耐油性・耐溶剤性に優れる |
| | **用途** 医療器具，合成繊維，歯車，電線被膜などの耐摩耗用品 |
| ポリエチレン樹脂 | **性質** 水より軽い。柔軟性・電気絶縁性・耐薬品性・耐水性・耐酸性に優れる |
| | **用途** 包装フィルム，電線被膜，調味料容器など |
| ポリプロピレン樹脂 | **性質** ポリエチレン樹脂に特徴が類似。加工性・耐薬品性に優れる |
| | **用途** 包装フィルム，ストローなど |
| アクリル樹脂 | **性質** 化学的安定性・透明性・加工性に優れる |
| | **用途** 車両・航空機の有機ガラス，風防ガラス，装飾品など |
| ふっ素樹脂 | **性質** 高・低温での電気絶縁性が高い。強度にきわめて優れる。耐薬品性が良い |
| | **用途** 電気絶縁材料，ライニング（防サビ用裏張り），パッキングなど |

# 3 ゴム

ゴムは，ゴムの木の樹液から作られる**天然ゴム**と，石油などから作られる**合成ゴム**に大きく分けられます。

ゴムについては
よく出題されています

### ●ゴムの一般的性質

| 長所 | 弾力性・電気絶縁性に優れる。カーボンブラックを加えると耐摩耗性が上がる<br>**天然ゴム** 耐摩耗性などの機械的強度に優れる。硬質ゴム（エボナイト）は電気絶縁性に特に優れる<br>**合成ゴム** 耐熱性・耐油性・耐摩耗性・耐老化性に優れる |
|---|---|
| 短所 | 熱伝導性が金属に比べて悪い。変形が繰り返されると，発熱による温度上昇が起きる<br>**天然ゴム** 耐熱性・耐油性が弱い。オゾンにより劣化。経時劣化（自然劣化）が起きる<br>**合成ゴム** 耐摩耗性が天然ゴムに比べて劣る |

### ●ゴムの種類

ゴムの種類には，次のようなものがあります。天然ゴム以外は全て合成ゴムです。

| 天然ゴム（NR） | **性質** 最もゴムらしい弾力性をもつ。機械的強度に優れる。適用温度は－70〜90℃<br>**用途** 自動車タイヤ，空気ばね，ホース，ベルトなど |
|---|---|
| ニトリルゴム<br>（NBR） | 最も一般的な材料。安価。<br>**性質** 耐油性に優れる。ふっ素ゴムに比べて耐熱性が劣る。適用温度は－25〜120℃<br>**用途** 作動油（りん酸エステル系を除く），潤滑油など |
| ふっ素ゴム<br>（FKM） | **性質** 耐油性・耐薬品性・耐オゾン性に優れる。ニトリルゴムに比べて耐熱性に優れる。適用温度は－15〜220℃<br>**用途** オイルシール，ガスケットなど |
| シリコンゴム<br>（Si） | **性質** 耐熱性・耐寒性に優れる。機械的強度・耐摩耗性が低い。適用温度は－60〜230℃<br>**用途** オイルシール，ガスケットなど |

| ウレタンゴム (U) | エーテル系が EU，エステル系が AU |
| --- | --- |
| | **性質** 機械的強度が特に優れる。耐圧性・耐摩耗性に優れる。ニトリルゴムに比べて耐熱性が劣る。適用温度は－30～80℃ |
| | **用途** ソリッドタイヤ，高圧パッキンなど |
| スチレンゴム (SBR) | **性質** 弾力性に優れる。耐鉱物油性が低い。適用温度は－40～120℃ |
| | **用途** 耐動植物油用 |
| ブチルゴム (IIR) | **性質** 機械的強度・耐候性に優れる。適用温度は－55～150℃ |
| | **用途** 作動油（りん酸エステル系）など |

## 4 セラミックス

**セラミックス**とは，熱処理によって製造した非金属の無機質固体材料といえます。

### ●セラミックスの一般的性質

| 長所 | ●硬く強度がある<br>●耐熱性・耐酸性・耐アルカリ性・電気絶縁性に優れる<br>●熱膨張係数，温度による寸法変化が金属に比べて小さい |
| --- | --- |
| 短所 | ●もろく，加工しにくい |

### ●セラミックスの種類

セラミックスにはガラス，セメント，ほうろう，ファインセラミックスなどがあります。

| ファインセラミックス | 高純度の人工粉末を厳密に制御して焼成されるセラミックス。ファインは「微細な」の意。鋼より硬く，引張強さ・耐熱性・耐薬品性に優れる。一般に電気絶縁性。切削などの加工が困難。材料はアルミナ（酸化アルミニウム）など |
| --- | --- |
| | **用途** 航空機，人工衛星，ロケットなど |

## 5 セメント

**セメント**とは，石灰石・粘土などを粉砕し，焼成して作る粉末で，通常はポルトランドセメント（水中でも硬化が進むもの）を指します。

| セメントモルタル | セメントに砂を混ぜ，水で練ったもの |
| --- | --- |
| コンクリート | セメントに砂と砂利を混ぜ，水で練ったもの |

## 6 アスベスト

アスベストは，石綿ともいわれる繊維状の鉱物で，耐熱性・耐摩擦性に優れ，断熱材・建材などに使われてきましたが，人がアスベスト繊維を吸い込むと肺がんや中皮腫にかかる可能性が指摘され，現在では原則として製造などが禁止されています。

### ●アスベストの性質と対応

| 性質 | ●繊維はきわめて細いため，浮遊しやすく呼吸器から吸入されやすい<br>●吹き付けアスベストは，解体や経年劣化により飛散しやすい<br>●非飛散性のものでも，廃棄・解体時に飛散するおそれがある |
|---|---|
| 対応 | ●飛散性アスベスト廃棄物は，飛散を防ぐため固型化や薬剤による安定化の後，耐水性の材料で二重に梱包し，産業廃棄物最終処分場（管理型）で処理する<br>●非飛散性アスベスト廃棄物は，産業廃棄物最終処分場（管理型・安定型）で処理する<br>●損傷・劣化などにより発散のおそれがある場合，封じ込めなどを行う<br>●アスベスト建築物の解体の作業は，労働基準監督署へ届出義務がある |

### 実戦問題

**問題1　次の記述のうち，適切なものはどれか。**

イ　ニトリルゴムは，ふっ素ゴムに比べて耐熱性に優れる。

ロ　アスベスト繊維を吸い込むと，中皮腫や肺がんの原因になる。

ハ　セラミックス材料は，一般に，高温での使用に耐えられない。

ニ　ポリエチレン樹脂は，熱硬化性樹脂である。

**問題2　次の記述のうち，適切でないものはどれか。**

イ　ゴムは，一般に熱伝導性が悪い。

ロ　天然ゴムは，合成ゴムに比べて，耐熱性・耐油性に劣る。

ハ　ゴムにカーボンブラックを加えることで，耐摩耗性が高められる。

ニ　合成ゴムのうち，ふっ素ゴムやニトリルゴムは，耐油材料として用いることができない。

### 実戦問題 解説

**問題1**

イ　ニトリルゴムは，ふっ素ゴムに比べて耐熱性が劣ります。

ハ　セラミックス材料は，一般に耐熱性や強度に優れ，高温での使用に耐えるという特徴をもちます。

ニ　ポリエチレン樹脂は，熱可塑性樹脂です。

**問題2**

ニ　合成ゴムのうち，ふっ素ゴムやニトリルゴムは，耐油性に優れ，耐油材料として用いることが可能です。

第**10**章　非金属材料と表面処理

# 2 表面処理

**学習のポイント**
めっき，溶射，塗装といった金属材料の表面処理の方法とその効果について
てみていきます。

**表面処理**とは硬化・平滑化・耐食化などのため，材料の表面に施す処理をい
い，次のようなものがあります。

> 表面処理では電気めっきや無電解めっきが
> 特によく出題されています

## 1 めっき

**めっき**とは，金属や非金属の表面を他の金属の薄膜で覆う方法で，耐食化・
表面硬化・美観などのために行われます。

### ●めっきの種類

| | |
|---|---|
| 電気めっき | めっきされる金属（被めっき物）を電解液（めっき液）中に入れて電気を流すことによりめっきする方法。陰極側に被めっき物が配され，その表面に金属イオンが析出する。鋼材にめっきする場合，**水素脆化**\*が起きやすい。めっきする金属にはクロム，ニッケル，亜鉛などがある。**電解めっき**ともいう |
| クロムめっき | **装飾用クロムめっき**　耐食性に優れる。膜厚は 0.5μm 程度<br>**工業用クロムめっき**　硬度・耐摩耗性に優れる。ビッカース硬度 Hv 1,000 程度。膜厚は 0.1mm 程度。切削工具の刃先へこのめっきを施すと工具寿命を増加できる。硬質クロムめっきともいう |
| ニッケルめっき | 電気めっきの中で最も一般的。強磁性。クロムめっきより腐食が少ない |
| 亜鉛めっき | 亜鉛は鉄よりイオンになりやすく，鉄の防錆に有効。人体には有害 |
| すずめっき | 空気中で変色しにくく，人体には無害 |

| 無電解めっき | 電気を用いず，化学反応を利用して金属イオンに電子を与えることによってめっきする方法。非金属にもめっきできる。膜厚の均一性が高い。めっきする金属にはニッケル，銅などがある。**化学めっき**ともいう |
|---|---|
| 溶融めっき | 低融点の金属（亜鉛，すずなど）を溶解させためっき液に製品を浸し，その表面に付着させる方法。どぶ漬けめっきともいう |

＊水素脆化：水素が侵入し材料をもろくする現象

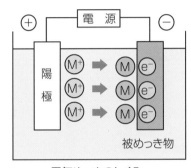

電気めっきのしくみ

## 2 溶射

**溶射**とは，溶融した金属（**溶射材**）を噴出させて霧化し，被施工物（**基材**）の表面に吹き付けて皮膜を形成する方法です。耐食性・耐摩耗性を高めるために行います。

### ●溶射の長所・短所

| 長所 | どのような金属・非金属でも溶射できる。どのような母材にも溶射できる。母材に熱の影響やひずみを与えない。均一な厚さの溶射皮膜が得られる。溶射皮膜は多孔質で潤滑性に優れる |
|---|---|
| 短所 | 溶接に比べて溶射皮膜の強度が低く，衝撃にも弱い。コストが比較的大きい |

### ●溶射の種類

| フレーム溶射 | 酸素とアセチレンなどの燃焼炎で材料を溶融する |
|---|---|
| 爆発溶射 | 酸素とアセチレンの混合ガス中に微粉末材料を浮遊させ，瞬間的に爆発燃焼させる |
| プラズマ溶射 | プラズマ溶射ガンで生じるプラズマジェットを用いて材料を加熱する |

## 3 PVD と CVD

　表面処理法の1つに**蒸着**があります。蒸着とは金属などを加熱・蒸発させ，その蒸気を他の物質の表面に付着し，薄い被膜を形成する方法です。蒸着には物理蒸着（**PVD**）と化学蒸着（**CVD**）があります。

| PVD | 熱・レーザ光などによる物理的反応を利用する方法。物理的蒸着法ともいう |
| --- | --- |
| CVD | 酸化・還元などの化学的反応を利用する方法。化学的蒸着法ともいう |

## 4 その他の表面処理

　表面処理には，他に次のようなものがあります。

| 塗装 | 保護・防錆・装飾などのため，材料の表面に塗料をぬり，塗膜をつくる方法。温度変化により変色する**示温塗料**，電気絶縁性のある絶縁塗料，着火しにくい物質を混入した耐熱塗料，船底に貝類などが付着するのを防ぐ船底防汚塗料などの特殊な用途もある |
| --- | --- |
| 黒染め | 鉄鋼の表面に化学薬品で緻密な黒色の酸化皮膜（四三酸化鉄）を形成させて赤サビを防ぐ方法 |
| レーザ焼入れ | 高エネルギー密度のレーザビームを鋼表面に照射し加熱した後，焼入れ硬化する方法。被処理物の部分焼入れが容易にでき，処理時間が短い |
| 電子ビーム焼入れ | 真空中で電子ビームを鋼の表面上を走らせながら加熱し，自己冷却により焼入れる方法 |
| ショットピーニング | 小さい鋼球（ショット）を被加工物の表面に高速で吹き付け，表面硬化する方法。冷間加工の一種。硬度は 30 〜 60%高まる |
| ショットブラスト | 小さい鋼球を被加工物の表面に高速で吹き付け，サビを落とす方法 |
| クラッドメタル | ある金属を種類の異なる他の金属で被覆し，圧力を加えて圧延・接合する方法。単一金属では得られない特性が生まれる |
| 浸漬洗浄 | 洗浄槽に薬品を張り込み，洗浄対象物を浸漬し付着物を溶解する方法。最低3種類の洗浄槽が必要<br>**脱脂槽**　油脂分・ニス・塗料などを除去する<br>**脱錆槽**　サビ・溶接スケール・黒皮*などを除去する<br>**防錆槽**　サビの再発を防ぐために施工する |

＊黒皮：鋼材の表面に形成される酸化物皮膜。ミルスケールともいう。

## 実戦問題

**問題1　表面処理に関する記述のうち，適切でないものはどれか。**

イ　電気めっきでは，めっきされる金属を陰極とする。

ロ　ショットピーニングは，小さい鋼球を被加工物の表面に高速で吹き付けて，表面硬化する冷間加工である。

ハ　鋼材のミルスケール（黒皮）は，ワイヤブラシで十分に除去することができる。

ニ　溶射とは，金属や合金または金属の酸化物などを溶融状態にし，素材表面に吹き付けて皮膜を形成する表面処理法である。

**問題2　表面処理に関する記述のうち，適切なものはどれか。**

イ　金属材料にクロムめっきを行うと，めっき層に存在する塩素の影響で，強度が低くなることがある。

ロ　硬質クロムめっきは，ビッカース硬度 1,000Hv が達成できる。

ハ　通常のクロムめっき層の厚さは，窒化による硬化層の厚さより大きい。

ニ　無電解ニッケルめっきは，非金属には適用できない。

―――――――――――― **実戦問題　解説** ――――――――――――

**問題1**

ハ　ミルスケールは，ワイヤブラシで十分に除去できません。

**問題2**

イ　金属材料にクロムめっきを行うと，水素脆化によって，強度が低くなることがあります。

ハ　窒化による硬化層の厚さは，通常のクロムめっき層の厚さより大きいです。

ニ　無電解ニッケルめっきは，非金属にも適用できます。

第**10**章　非金属材料と表面処理

**実戦問題　解答●問題1　ハ　問題2　ロ**

# 力学と材料力学

第 11 章では，力学と材料力学について基本的な事項を扱います。

# 1 力学の基礎

重要度★★☆

**学習のポイント**
力学に関する基本的な事項についてみていきます。

## 試験によく出る重要事項

## 1 力とその単位

### ●力の3要素

物体に働く力を表現するため
には，力の**方向**（向き），力の
**大きさ**，**作用点**（力が働く点）
の3つが必要で，これを**力の3
要素**といいます。なお，力のよ
うに大きさと方向をもつ量をベ
クトルといいます。

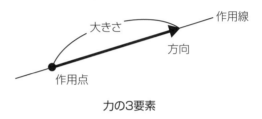

力の3要素

### ●力の単位

力の単位にはN（ニュートン）が用いられます。1Nは質量1kgの物体を加
速度 $1m/s^2$ で動かす力です。すなわち，Nは質量[kg]と加速度[$m/s^2$]の積
で表され，N＝kg・$m/s^2$ となります。

## 2 力の合成と分解

物体に2つ以上の力が働いている場合，これらの力と同じ効果をもつ1つの
力にまとめることを**力の合成**といいます。合成させた力を**合力**といい，もとの
力を**分力**といいます。また，1つの力を2つ以上の力に分けることを**力の分解**
といいます。

### ●同じ作用線上にある2つの力の合成

合力の大きさは，方向が同じ場合に分力の和で，方向が反対の場合に分力の
差となります。合力の方向は，方向が同じ場合に分力と同じ方向で，方向が反
対の場合に大きいほうの分力と同じ方向となります。

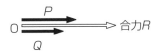

合力の大きさ：$R = P + Q$
合力の方向：分力と同じ方向

合力の大きさ：$R = | P - Q |$
合力の方向：大きいほうの分力と同じ方向

●**方向の異なる2つの力の合成**

図のように，分力を2辺とする平行四辺形
の対角線によって合力が求められます。

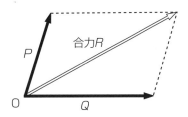

## 3　力のつり合い

●**1点に働く2力のつり合い**

2力の大きさが同じで，向きが反対であるとき，2力はつり合います。

●**1点に働く3力のつり合い**

次のうちどれか1つが成り立つとき，3力はつり合います。

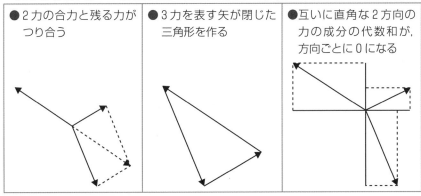

| ●2力の合力と残る力がつり合う | ●3力を表す矢が閉じた三角形を作る | ●互いに直角な2方向の力の成分の代数和が，方向ごとに0になる |
|---|---|---|

## 4　力のモーメント

物体を回転させようとする力の働きを**力のモーメント**といい，次のように表されます（$L$ はモーメントの腕という）。

第**11**章　力学と材料力学

$$M = L \times P$$

ただし

$M$：力のモーメント［N・m］

$L$：点 O から力の作用線に下ろした垂線
　　の長さ［m］

$P$：力の大きさ［N］

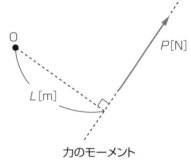

力のモーメント

● **平行力のつり合い**

図のように棒の両端に荷重 $A$, $B$ がかかっている場合，時計回りのモーメントは $Bg \times Y$ で，反時計回りのモーメントは $Ag \times X$ です（$g$：重力加速度）。

これらがつり合うための条件は $A \times X = B \times Y$ です。

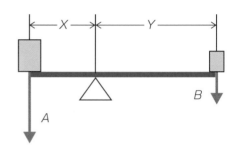

● **トルク**

回転している物体の回転軸のまわりに働く力のモーメントを**トルク**（回転モーメント）といいます。半径 $r$ の円周に $F$ の力が接線方向に働いたとき，トルクは $r \times F$ で表され，単位は［N・m］です。

## 5 速度と加速度

**速度**は，大きさと方向をもつベクトルです。速度の大きさ（**速さ**）は，単位時間に物体が移動する距離をいい，m/s や km/h などで表します。

**加速度**とは，一定時間内における速度変化の割合をいい，m/s² などで表します。1 秒間に 1m/s ずつ速度が増えるとき，1m/s² のように表します。

例えば，初速度 $V_0$ の物体が一定の加速度で加速し，$t$ 秒後に速度が $V$ になり，この間に $S$［m］移動した場合，加速度 $a$ は，

$$a = \frac{V - V_0}{t} \qquad \therefore \quad V = V_0 + at \qquad \cdots ①$$

$S$ は，平均速度 $(V_0 + V) / 2$，時間 $t$ から，

$$S = \frac{V_0 + V}{2} \times t = V_0 t + \frac{at^2}{2} \qquad \cdots ②$$

## 6 自由落下と真上投げ上げ，水平投射

### ●自由落下

重力の他に力が働かない自由落下の場合，地球上で物体は一定の加速度で落下します。この加速度を**重力加速度**といい，その大きさはおよそ 9.8 [m/s²] で，通常 $g$ で表されます。

自由落下で，落下開始から $t$ 秒後の速度 $V$ と落下距離 $S$ は，$V_0 = 0$, $a = g$ をそれぞれ前項の①，②式に代入して，

$$V = gt, \quad S = \frac{gt^2}{2}$$

### ●真上に投げ上げた場合

真上に初速度 $V_0$ で投げ上げた場合は，$a = -g$ を①，②式に代入して，

$$V = V_0 - gt, \quad S = V_0 t - \frac{gt^2}{2}$$

上がり切った位置の高さ $H$ は，$V = 0$ から $t = V_0/g$ となるので，

$$H = \frac{V_0^2}{2g}$$

### ●水平に投射した場合

水平に初速度 $V_0$ で投げた場合は，垂直方向は自由落下の場合と同じ計算になり，水平方向は速度 $V_0$ の等速直線運動となるので $S = V_0 t$ となります。

## 7 円運動

### ●弧度法

物体が同じ円周上を回る運動を**円運動**（回転運動）といい，これを扱うときには**弧度法**が用いられます。弧度法とは**ラジアン**（rad）という単位を用いて角度を表す方法です。ラジアンは弧と半径の長さの比で，弧度ともいいます。

半径 $R$ の円の弧の長さ $S$ とその中心角 $\theta$ （ラジアン）との間には，次の関係が成り立ちます。

$R = S$ のとき　$\theta = 1\text{rad}$

$$\theta = \frac{S}{R}$$

1rad は円の半径と同じ長さの弧に対する中心角の角度です。度（°）とラジアン（rad）の関係は次のようになります。

| 度（°） | 45 | 約57.3 | 90 | 180 | 360 |
|---|---|---|---|---|---|
| ラジアン（rad） | $\pi/4$ | 1 | $\pi/2$ | $\pi$ | $2\pi$ |

●角速度

単位時間あたりの回転角を**角速度**といい，rad/s などで表します。例えば，$t$ 秒間で円周上を $S$ [m] 移動し，このときの中心角が $\theta$ であった場合，角速度$\omega$は次のように表されます。

$$\omega = \frac{\theta}{t} \ [\text{rad/s}]$$

周速度（円周上を1秒間に進む速さ）を $V$ [m/s] とすると次のようになります。

$$V = \frac{S}{t} = \frac{R\theta}{t} = R\omega$$

●回転速度

単位時間あたりに回転する回数を**回転速度**（回転数）といい，r/s（rps），r/min（回転/分：rpm）や rad/s などで表します。

$$1\text{rps} = 2\pi \ [\text{rad/s}], \quad 1\text{rpm} = \frac{2\pi}{60} \ [\text{rad/s}]$$

## 8 振り子の周期

振り子のうち，重く小さい物体を細く長い糸でつるしたものを単振り子といい，この振れ幅が小さいとき，最も簡単な振動である**単振動**をします。単振り子の周期は次のように表されます。

$$T = 2\pi\sqrt{\frac{L}{g}} \ [\text{s}]$$

ただし
$L$：糸の長さ [m]
$g$：重力加速度 [m/s²]

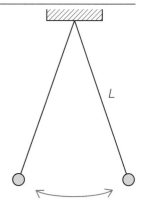

## 9 滑車

**滑車**は，溝にロープをかけて回転するようにした車で，重い物を小さい力で持ち上げたり，力の方向を変えるのに用いられます。

## ●滑車の種類

| | |
|---|---|
| 定滑車 | 回転の軸が固定された滑車。力の向きが変えられる一方，力の大きさは変えられない。ロープの重さを考えない場合，ロープの両端にかかる力は等しい |
| 動滑車 | 回転の軸が動く滑車。力の大きさが変えられる。滑車やロープの重さを考えない場合，動滑車1つで，ロープを引く力が1/2になる |
| 組合せ滑車 | 複数の滑車を組み合わせた装置で，組合せにより必要な力を大幅に軽減できる |
| 輪軸 | 半径の異なる2つの滑車を1つの軸に重ねて固定した装置。てこの原理を応用したもの。半径の比が$r:R$の滑車の組合せの場合，$r/R$の力で荷を持ち上げられる。段車ともいう |
| 差動滑車 | 1つの輪軸と1つの動滑車をロープやチェーンで連結した装置。チェーンを用いたものはチェーンブロックという。必要な力を大幅に軽減できる |

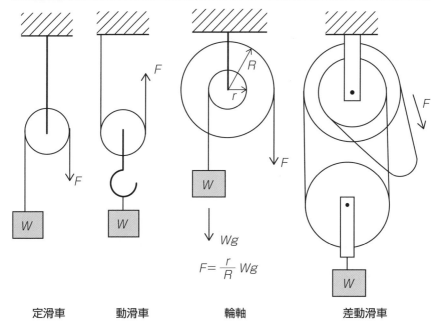

$$F = \frac{r}{R} Wg$$

定滑車　　　　動滑車　　　　　輪軸　　　　　差動滑車

滑車については
よく出題されています

## 10 摩擦力

物体を地面に接触させた状態で動かしたとき，動きを妨げようとする力が接触面に生じ，この力を**摩擦力**といいます。止まっている物体に働く摩擦力を静止摩擦力，動き出すときの摩擦力を**最大静止摩擦力**，動いている物体に働く摩擦力を動摩擦力といいます。また，重力に抵抗して地面が物体を押し上げようとする力を垂直抗力といいます。

最大静止摩擦力と垂直抗力の間には，次の関係が成り立ちます。

$$F = \mu N$$

ただし
$F$：最大静止摩擦力
$N$：垂直抗力
$\mu$：静止摩擦係数

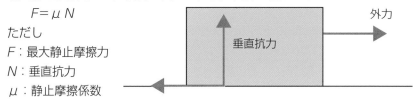

### ●斜面における摩擦力

質量 $W$ の物体が傾角 $\theta$ の斜面に置かれてあるとき，物体に鉛直下向きに働く力は $Wg$ で，物体が斜面を押す力は $Wg \cos\theta$ です。物体が斜面に沿って滑り落ちようとする力は $Wg \sin\theta$ で，この力に対抗し滑り落ちるのを妨げようとする摩擦

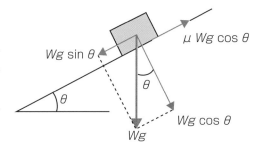

力は $\mu Wg \cos\theta$（$\mu$：静止摩擦係数）です。

滑り落ちようとする力が摩擦力より大きい（$Wg \sin\theta > \mu Wg \cos\theta$）とき，物体は滑り落ちます。一方，滑り落ちようとする力が摩擦力より小さい（$Wg \sin\theta < \mu Wg \cos\theta$）とき，物体は滑り落ちません。

## 11 運動の法則

| 運動の第1法則 | 力が働かないとき，物体は静止しているか，等速運動を続けるという法則。**慣性の法則**ともいう。速度を維持しようとする性質を**慣性**という |
| --- | --- |

| 運動の第2法則 | 質量 $m$ の物体に力 $F$ が働くとき，物体は加速度 $a$ の運動を行い，このとき $ma = F$ が成り立つという法則。この式を**運動方程式**という。なお，物体に力が働いて移動したとき，この力は「**仕事をした**」といい，その大きさを仕事量という。また，力 $F$ がした仕事の大きさは，移動した距離と力の大きさの積で表す |
|---|---|
| 運動の第3法則 | ある物体が他の物体に力を働かせた（作用）とき，それとは逆向きで同じ大きさの力（反作用）が必ず働くという法則。**作用反作用**の法則ともいう |

## 12 エネルギー

物体などが外部に対して仕事ができる状態にあるとき，その物体は「**エネルギーをもっている**」といいます。エネルギーとは仕事ができる能力のことです。力学で扱うエネルギーには**位置エネルギー**と**運動エネルギー**があり，これらは総称して機械的（力学的）エネルギーといわれます。

| 位置エネルギー | 高いところにある物体がもっているエネルギー。質量 $m$ の物体が高さ $H$ の位置にあるときの位置エネルギー $U$ は，重力加速度を $g$ として次のように表される。<br>$U = mgH$ |
|---|---|
| 運動エネルギー | 運動している物体がもっているエネルギー。速度 $v$ で運動している質量 $m$ の物体がもつ運動エネルギー $K$ は，次のように表される。<br>$K = \dfrac{1}{2} mv^2$ |

## 13 仕事率と仕事の効率

●**仕事率**

単位時間あたりの仕事の量を**仕事率**（動力）といい，仕事÷時間で表されます。仕事率の単位は J/s で，これは W ともいいます。

$$\text{仕事率 [W(=J/s)]} = \frac{\text{仕事 [J]}}{\text{時間 [s]}}$$

●**仕事の効率**

機械がした有効な仕事の量と，機械に供給した仕事量の比を**仕事の効率**といいます。なお，有効に仕事に使われるエネルギーを出力，供給したエネルギーを入力といいます。

$$\text{仕事の効率} = \frac{\text{有効な仕事量}}{\text{供給した仕事量}} = \frac{\text{有効な仕事量}}{\text{有効な仕事量} + \text{損失量}}$$

## 実戦問題

**問題1** 下図において，バランスを保つ荷重 *W* の値として，適切なものは次のうちどれか。

イ 10N

ロ 15N

ハ 20N

ニ 45N

30N                        *W*

2m            3m

**問題2** 図のような滑車で，ロープの端を 50cm 引き下ろしたときのロープを引く力および仕事の組合せとして，適切なものはどれか。ただし，滑車およびロープの荷重，これらの摩擦などは無視できるものとする。

|  | ロープを引く力 | 仕事 |
|---|---|---|
| イ | 100N | 50N・m |
| ロ | 100N | 100N・m |
| ハ | 200N | 100N・m |
| ニ | 200N | 200N・m |

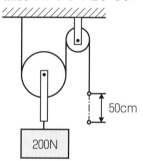

50cm

200N

──────── **実戦問題 解説** ────────

**問題1**

　モーメントがつり合うための条件から，

　　　30[N]×2[m]＝W[N]×3[m]

　　　∴　W＝20[N]

**問題2**

　動滑車のロープにかかる荷重は，

　　　200÷2＝100[N]

　よって，なされた仕事は，

　　　100[N]×1/2[m]＝50[N・m]

第**11**章　**力学と材料力学**

# 2 材料力学の基礎

重要度★★☆

> **学習のポイント**
> 荷重，応力，ひずみなど，材料力学に関する基本的な事項についてみていきます。

## 試験によく出る重要事項

## 1 荷重

荷重とは，材料に作用する外力（外部からの力）をいいます。荷重には次のような種類があります。

| 作用の仕方による分類 | 引張荷重 | 材料を引き伸ばすように働く荷重 |
|---|---|---|
| | 圧縮荷重 | 材料を押し縮めるように働く荷重 |
| | せん断荷重 | 材料の断面に平行に，互いに反対向きの一対の力が働くような荷重。せん断は「ハサミで切る」の意 |
| | 曲げ荷重 | 材料を曲げるように働く荷重 |
| | ねじり荷重 | 材料をねじるように働く荷重 |
| 分布の仕方による分類 | 集中荷重 | 分布域がきわめて小さい荷重 |
| | 分布荷重 | 広がりをもって分布して働く荷重。材料に均等に分布して働く荷重を，特に**等分布荷重**という |
| 荷重速度による分類 | 静荷重 | 静止しているか，きわめてゆっくり変化する荷重 |
| | 動荷重 | 時間とともに変化する荷重。繰り返し作用する**繰り返し荷重**，大きさだけでなく方向も変わる**交番荷重**，急激に作用する**衝撃荷重**がある |

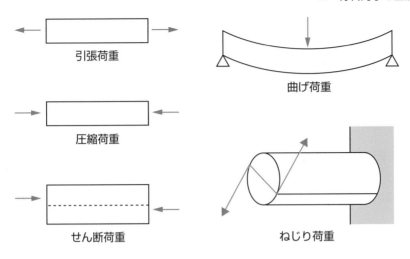

引張荷重

曲げ荷重

圧縮荷重

せん断荷重

ねじり荷重

## 2 **応力**

**応力**とは、物体が外力を受けたとき、それに応じて内部に現れる抵抗力のことです。応力は物体内部で単位面積あたりに作用する力の大きさで表されます。

$$応力\,[N/m^2] = \frac{荷重\,[N]}{断面積\,[m^2]}$$

### ●応力の種類

| | |
|---|---|
| 引張応力 | 引張荷重によって生じる応力。同じ断面積ならば中実軸より中空軸のほうが大きい。圧縮応力とあわせて**垂直応力**という |
| 圧縮応力 | 圧縮荷重によって生じる応力 |
| せん断応力 | せん断荷重によって生じる応力 |
| 曲げ応力 | 曲げ荷重によって生じる応力 |
| ねじり応力 | ねじり荷重によって生じる応力 |
| 熱応力 | 物体が温度変化による膨張・収縮を外部からの拘束によって妨げられたときに生じる応力 |

### ●応力に関わる用語

| | |
|---|---|
| 応力集中 | 断面形状が急に変化するような材料に荷重がかかり、部分的に高い応力が生じること。応力集中が起きるときの最大応力を**集中応力**という。溝が深いほど、溝の角度が小さいほど、また溝底の曲率半径が小さいほど、応力集中は大きくなる。丸穴のあいた平板のほうが、角穴のあいた平板より応力集中の程度が低い |

| | |
|---|---|
| 疲労 | 材料に繰り返し荷重が働いて損傷が累積し，材料の強さが低下する現象。静荷重より小さい荷重で破壊することが多い。疲れともいう。ある応力値以下では，何度繰り返し荷重が働いても破壊しなくなり，この値を**疲労限度**という |
| クリープ | 材料に一定の応力を加えたままにしておくとき，時間とともにひずみが増加する現象。プラスチックやゴムなどに生じやすい |

## 3 ひずみ

　外力を受けて物体が変形したとき，変形した量のもとの長さに対する割合を**ひずみ**といいます。ひずみに単位はありません。

$$ひずみ＝\frac{変形量 ［mm］}{もとの長さ ［mm］}$$

## 4 応力ーひずみ線図

　**応力ーひずみ線図**とは，応力を縦軸に，ひずみを横軸にとったグラフをいいます。

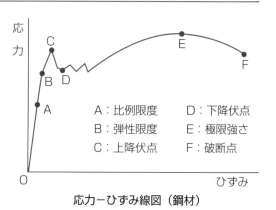

A：比例限度　　　D：下降伏点
B：弾性限度　　　E：極限強さ
C：上降伏点　　　F：破断点

応力ーひずみ線図（鋼材）

| | |
|---|---|
| 比例限度 | 材料（弾性体）に荷重を加えたときの，ひずみと応力が比例する（フックの法則が成り立つ）限界。図の OA 間では応力を取り除けばひずみはなくなり，もとに戻る |
| 弾性限度 | 弾性を保つ限界。AB 間ではひずみと応力の比例関係はなくなるが，荷重を取り除けばひずみはなくなり，もとに戻る |

| 上降伏点・<br>下降伏点<br><small>こうふく</small> | 応力が増加しないのに，ひずみが急激に増える現象を**降伏**といい，降伏中の最大応力を上降伏点，最小応力を下降伏点という。降伏中は外力を取り除いてもひずみがもとに戻らずに残る（**永久ひずみ**）。上降伏点は塑性変形<small>そせい</small>*1が始まる目安となる |
|---|---|
| 極限強さ | 材料が耐えうる最大の応力。材料の機械的強度を表す。最大荷重を試験前の試験片の断面積で割った値。引張では引張強さ*2，圧縮では圧縮強さという |
| 破断点 | 材料が破断する点。破断する直前の応力を**破断強さ**という |

＊1　塑性変形：弾性限度を超えた外力による変形。

＊2　引張強さ：引張強度ともいう。

## 5 フックの法則と許容応力

### ●フックの法則

ひずみが小さいとき，弾性体のひずみと応力は比例するという法則を**フックの法則**といい，この比

フックの法則についてはよく出題されています

例定数を**弾性係数**といいます。弾性係数が大きいほどひずみにくく（剛性が高く）なり，弾性係数は大きい順に高炭素鋼，軟鋼，黄銅，木材です。

$$弾性係数＝\frac{応力}{ひずみ}$$

弾性係数には，縦弾性係数と横弾性係数があります。

| 縦弾性係数 | 垂直応力と垂直ひずみの比例定数。ヤング率ともいう |
|---|---|
| 横弾性係数 | せん断応力とせん断ひずみの比例定数。せん断弾性係数ともいう |

### ●許容応力

機械や構造物が破壊しないために材料に生じても支障がない最大の応力を**許容応力**といい，材料の基準強さと許容応力の比を**安全率**といいます。なお，基準強さには極限強さなどが用いられます。

$$安全率＝\frac{基準強さ}{許容応力}$$

安全率が低すぎると危険性が高まり，安全率が高すぎると不経済になります。なお，交番荷重が働く場合の安全率は，繰り返し荷重が働く場合より大きくとられます。

第**11**章　力学と材料力学

主な材料の安全率

| 材料 | 静荷重 | 繰り返し荷重 | 交番荷重 | 衝撃荷重 |
|------|--------|------------|----------|----------|
| 鋳鉄 | 4 | 6 | 10 | 15 |
| 鋼 | 3 | 5 | 8 | 12 |
| 木材 | 7 | 10 | 15 | 20 |
| 石材 | 20 | 30 | — | — |

## 6 はりと曲げモーメント

横荷重を受ける棒を**はり**といい，外力が部材を曲げようとする力を**曲げモーメント**といいます。

●**曲げ応力とたわみ**

はりが曲げモーメントを受けたとき，曲げモーメントに抵抗する曲げ応力が生じます。曲げ応力の大きさは<u>断面係数に反比例</u>し，断面係数が大きいほど曲げに強くなります。

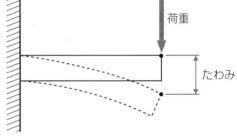

$$曲げ応力 = \frac{曲げモーメント}{断面係数}$$

断面係数は，断面積が同じでも断面の形状によって異なります。また，片持ちばりのたわみは，はりの長さの3乗に比例します。

## 7 曲げ応力と曲げモーメント図

はりについて，横軸にはりの各断面の位置，縦軸にその位置でのせん断力や曲げモーメントの大きさをとった図を，それぞれ**せん断力図（Q図），曲げモーメント図（M図）**といいます。

せん断力図では，時計回りのせん断力をプラスで上側に，反時計回りのせん断力をマイナスで下側に記入し，曲げモーメント図では，部材が力を受けて表面が引っ張られる側に記入します。

●**片持ちばり**

一端を壁などに固定したはりを片持ちばりといい，そのQ図，M図はそれ

ぞれ次のようになります。自由端に荷重を受ける片持ちばりの曲げモーメント
は，<u>固定端で最大になります</u>。

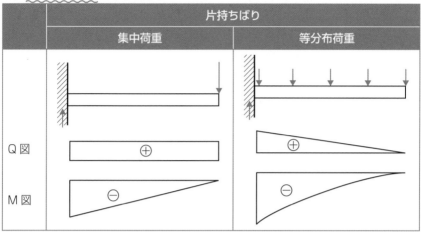

●**両端支持ばり**

両端が支持されたはりを両端支持ばりといい，その Q 図，M 図はそれぞれ
次のようになります。

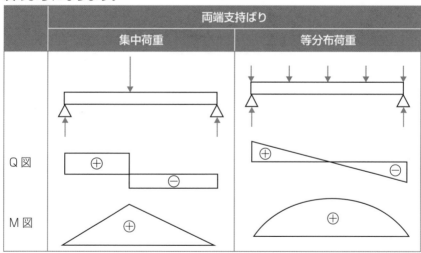

**問題1　材料力学に関する記述のうち，適切でないものはどれか。**

**イ** 交番荷重が働く場合の安全率は，繰り返し荷重が働く場合より大きくとる。

**ロ** 機械部品が使用中に破壊したり，使用中に大きな変形を起こしたりしない最大応力を，許容応力という。

**ハ** 応力−ひずみ線図で，応力の最高点は材料が耐えうる最大の応力を示しており，この値を極限強さまたは引張強さという。

**ニ** 安全率とは，材料の弾性限界と許容応力の比をいう。

**問題2　下図の継手に $P = 9500N$ の荷重がかかるとき，これをつないでいる直径20mmのボルトに発生するせん断応力の値として，最も近いものはどれか。**

**イ** $10N/mm^2$

**ロ** $30N/mm^2$

**ハ** $60N/mm^2$

**ニ** $140N/mm^2$

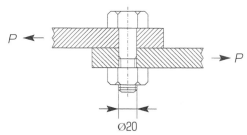

─────────── **実戦問題 解説** ───────────

**問題1**

**ニ** 安全率とは，材料の基準強さと許容応力の比をいいます。

**問題2**

$$せん断応力\ [N/mm^2] = \frac{せん断荷重\ [N]}{断面積\ [mm^2]}$$

$$= \frac{9500N}{10 \times 10 \times \pi\ [mm^2]}$$

$$\fallingdotseq 30.3N/mm^2$$

# 図示法と記号

第12章では，物体を図示するための方法
の他，各種の記号について扱います。


**1** 図示法
**2** 記号

# 1 図示法

重要度★★★

**学習のポイント**
物体を図示するために必要となる知識についてみていきます。

## 1 投影法

**投影法**は，立体物を平面上に図示・表現する方法です。しくみとしては，画面の前に置いた物体に光線を当て，画面に映る物体の影を写し取る（投影）というもので，投影法には光線の角度などによっていくつかの種類があります。画面に垂直な平行光線により投影する**正投影法**が一般的に用いられます。

●第三角法

正投影法の1つである**第三角法**は，右図のように空間を第1〜第4象限の4つに分割したうち，第3象限（第三角）内に物体を置いて投影する方法です。JISの機械製図では，第三角法で投影図を描くことが規定されています。

この方法では，物体の特徴を最もよく表す面を正面に置き，正面図（正面から見た図）をそのままにして各面を平面上に広げていくため，平面図（上から見た図）が上，右側面図（右横から見た図）が右になります。

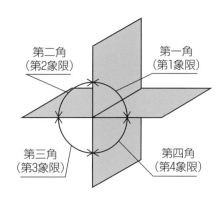

●第三角法の実例

例えば，図aのような物体を第三角法で図示すると図bのようになります。一般には正面図・平面図・側面図の3つを描いた三面図が使われます。

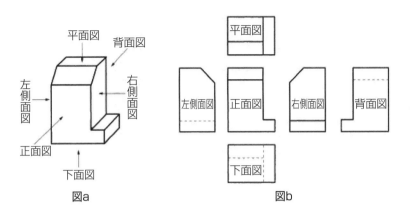

図a 図b

●第三角法の記号

第三角法を用いていることを示す場合，右のような記号を記入します。

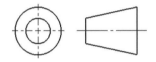

## 2 線の種類

図面を作成するときに用いる線には，次のような種類があります。

●形による線の種類

実線 ————————　一点鎖線 — · — · — · —
破線 — — — — — —　二点鎖線 — · · — · · —

※破線や鎖線が交わるときは，すき間の部分ではなく線の部分で交わるようにする。

●太さによる線の種類

線は太さには細線・太線・極太線の3種類があり，太さの比率は1:2:4とします。

## 3 線の用途

製図に用いる線は，種類によって用途が決められています。

| 用途による名称 | 線の種類 | | 線の用途 |
|---|---|---|---|
| 外形線<br>（がいけい） | 太い実線 | ▬▬▬▬▬ | 対象物の見える部分の形状を表す |
| 寸法線 | 細い実線 | ———————— | 寸法を記入する |
| 寸法補助線 | | | 寸法を記入するために図形から引き出す |
| 引出線<br>（ひきだし） | | | 記号・記述などを示すために引き出す |
| 回転断面線 | | | 図形内にその部分の切り口を90°回転して表す |
| 水準面線 | | | 水面・油面などの位置を表す |
| かくれ線 | 細い破線または太い破線 | – – – – – – – | 対象物の見えない部分の形状を表す |
| 中心線 | 細い一点鎖線 | —  –  —  –  — | 図形の中心を表す |
| 基準線 | | | 特に位置決定のよりどころであることを示す |
| ピッチ線 | | | 繰り返し図形のピッチをとる基準を表す |
| 特殊指定線 | 太い一点鎖線 | ▬  ▬  ▬  ▬ | 特別な要求事項を適用する範囲を表す |
| 想像線 | 細い二点鎖線 | — · · — · · — | 投影法上では図形に現れないが，便宜上必要な形状を示す |
| 重心線 | | | 断面の重心を連ねた線を表す |
| 破断線 | 波形の細い実線またはジグザグ線 | 〜〜〜 ／Ｖ／Ｖ／ | 取り去った部分を表す |
| 切断線 | 細い一点鎖線（端部などは太い実線） | ▬—·—·—▬ | 断面図を描く際に，切断位置を示す |
| ハッチング | 細い実線を密に並べたもの | ／／／／ | 図形の限定された特定の部分を他の部分と区別する |

212

## 4　図形の表し方

### ●投影図

JIS が定める投影図の表し方には次のようなものがあります。

| 一般原則 | ●対象物の情報を最も明確に示す投影図を主投影図（正面図）とする<br>●断面図など他の投影図が必要な場合，投影図・断面図の数は，対象物を規定するのに必要・十分なものとする<br>●できる限り隠れた外形線などを表現する必要のない投影図を選ぶ<br>●不必要な細部の繰り返しは避ける |
|---|---|
| 主投影図 | ●主投影図には，対象物の形状・機能を最も明確に表す面を描く<br>●主投影図を補足する他の投影図の数は，できるだけ少なくする |
| 部分投影図 | ●図の一部を示せば足りる場合，必要な部分だけを部分投影図として表し，省いた部分との境界を破断線で示す |
| 局部投影図 | ●対象物の穴・溝など一局部だけの形を図示すれば足りる場合，必要な部分だけを局部投影図として表す |
| 部分拡大図 | ●特定部分の図形が小さいために，その部分の詳細な図示や寸法の記入ができないときは，その該当部分を別の箇所に拡大して描き，表示の部分を細い実線で囲む |
| 回転投影図 | ●ある角度をもっているために，その実形が投影図に表れないときには，その部分を回転し，その実形を図示する |
| 補助投影図 | ●対象物の斜面の実形を表す必要がある場合には，その斜面に対向する位置に補助投影図として表す |

### ●断面図

図形の内部を簡単かつ明確に示すために，断面図が用いられます。

| 全断面図 | 対象物の基本中心線で全部切断して示した図。通常，対象物の基本的な形状が最もよく表れるように切断面を決める（この場合，切断線は記入しない） |
|---|---|
| 片側断面図 | 断面と外形を片側ずつ描いた図。対象物が左右対称な場合に用いる |
| 部分断面図 | 外形図で必要とする要所の一部だけを破って断面を表す。この場合は破断線で境界を示す |
| 回転図示断面図 | フックなど，途中の形状が変化するようなものの切り口を 90° 回転して表す |

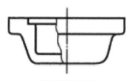

片側断面図 部分断面図 回転図示断面図

## 5 寸法の記入方法

寸法の記入に必要な要素には次図のようなものがあります。

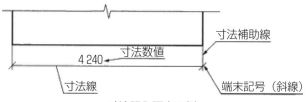

寸法記入要素の例

寸法の記入方法には，次のようなものがあります。

| 一般原則 | ●寸法はなるべく主投影図に集中して記入する<br>●寸法は特に明示しない限り仕上がり寸法を示す<br>●寸法の重複記入は避ける<br>●寸法はなるべく計算して求める必要がないように記入する<br>●関連する寸法は，なるべく1ヶ所にまとめて記入する<br>●寸法のうち，参考寸法については寸法数値にカッコをつける<br>●寸法は寸法線・寸法補助線・寸法補助記号を用い，寸法数値により示す |
|---|---|

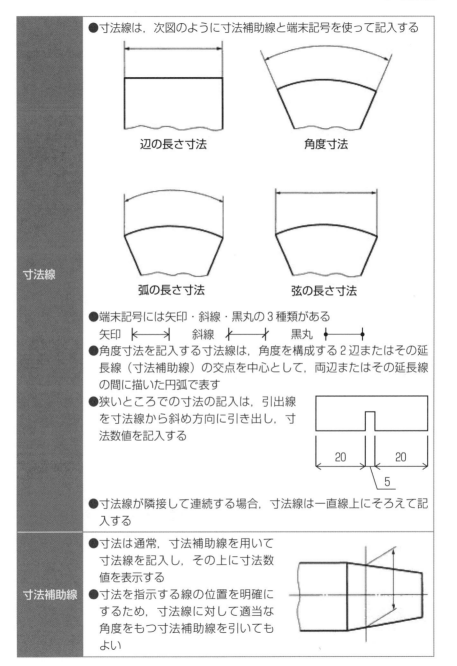

| | |
|---|---|
| **寸法線** | ●寸法線は，次図のように寸法補助線と端末記号を使って記入する |

**辺の長さ寸法**　　　　　　　**角度寸法**

**弧の長さ寸法**　　　　　　　**弦の長さ寸法**

●端末記号には矢印・斜線・黒丸の3種類がある
　矢印　　　　　斜線　　　　　黒丸

●角度寸法を記入する寸法線は，角度を構成する2辺またはその延長線（寸法補助線）の交点を中心として，両辺またはその延長線の間に描いた円弧で表す

●狭いところでの寸法の記入は，引出線を寸法線から斜め方向に引き出し，寸法数値を記入する

20　　　20

5

●寸法線が隣接して連続する場合，寸法線は一直線上にそろえて記入する

| | |
|---|---|
| **寸法補助線** | ●寸法は通常，寸法補助線を用いて寸法線を記入し，その上に寸法数値を表示する<br>●寸法を指示する線の位置を明確にするため，寸法線に対して適当な角度をもつ寸法補助線を引いてもよい |

| 寸法数値 | ●長さは通常，ミリメートルの単位で記入し，単位記号はつけない<br>●角度は通常，度の単位で記入し，必要に応じて分・秒が使用できる。例えば 60°，1° 23′ 45″ などのように書く<br>●寸法数値の桁数が多い場合でもコンマはつけず，32 400 のように書く<br>●寸法数値は，線に重ねて記入しない |
|---|---|

### ●寸法補助記号

寸法の意味を明確にするために寸法数値に付加する記号です。

| 記号 | 意味 | 読み | 記号 | 意味 | 読み |
|---|---|---|---|---|---|
| $\varnothing$ | 直径 | まる | □ | 正方形の辺 | かく |
| $R$ | 半径 | あーる | $t$ | 板の厚さ | てぃー |
| $S\varnothing$ | 球の直径 | えすまる | ⌒ | 円弧の長さ | えんこ |
| $SR$ | 球の半径 | えすあーる | $C$ | 45°の面取り | しー |

※ドリルによる加工をキリという。「6 × 8 キリ」は「直径 8mm のドリル穴が 6 個」の意

寸法補助記号については
よく出題されています

## 6 寸法公差とはめあい

### ●寸法公差

　機械加工では，図面に表示された寸法（基準寸法）と全く同じ寸法に仕上げることはできません。そのため，実際に仕上げられた寸法（実寸法）として許される寸法の上限（**最大許容寸法**）と下限（**最小許容寸法**）が決められており，最大許容寸法と最小許容寸法の差を**寸法公差**（あるいは単に公差）といいます。

### ●はめあい

　歯車と軸などのように，軸と穴をはめ合わせる関係を**はめあい**といいます。はめあいには次の 3 種類があります。

| すき間ばめ | 穴の直径が軸の直径より大きいとき，**すき間**ができる。このようなはめあいをすき間ばめという。穴の最小寸法は軸の最大寸法よりも大きい。滑り軸受と軸の関係など |
|---|---|

| しまりばめ | 穴の直径が軸の直径より小さいとき，その直径の差を**しめしろ**といい，このようなはめあいをしまりばめという。穴の最大寸法が軸の最小寸法よりも小さい。車輪と軸の関係など |
|---|---|
| 中間ばめ | 場合によってすき間・しめしろのどちらにもなりうるはめあい。軸と軸継手の関係など |

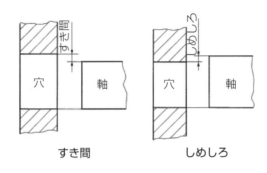

すき間　　　　　　しめしろ

## 実戦問題

**問題1** 次の破線の図示のうち，正しいものはどれか。

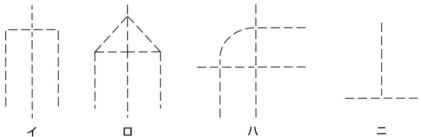

イ　　　　　　ロ　　　　　　ハ　　　　　　ニ

**問題2** 下図の（　）内に入る数値として，正しいものはどれか。

イ 1050
ロ 1150
ハ 1250
ニ 1350

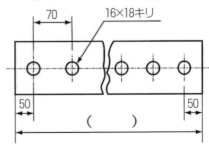

第**12**章　図示法と記号

**問題1**

　破線や鎖線が交わるときは，すき間の部分ではなく線の部分で交わるようにします。

**問題2**

　「16 × 18 キリ」は，直径 18mm の穴が 16 個あることを示しているため，

　　　$70 \times 15 + 50 \times 2 = 1150$

# 2 記号

重要度★★☆

## 学習のポイント
材料記号をはじめ，各種の記号についてみていきます。

### 試験によく出る重要事項

## 1 材料記号

### ●鉄鋼材料

鉄鋼材料の材料記号は原則として，次の3つの部分から構成されています。

| 材質 | + | 規格または製品名 | + | 種類 |

例
$$\underset{\substack{鋼\\(Steel)}}{S} \quad \underset{\substack{構造\\(Structure)}}{S} \quad \underset{\substack{引張強さ\\(N/mm^2)}}{400} \quad 一般構造用圧延鋼材$$

| 材質 | 鉄鋼材料の場合，S（Steel：鋼）かF（Ferrum：鉄）である |
|---|---|
| 規格または製品名 | 製品の形状・用途・元素記号などを表す。<br>T：管（Tube）　　　　P：板（Plate）<br>K：工具（Kogu）　　　U：特殊用途（Use）<br>C：鋳造品（Casting）　F：鍛造品（Forging）<br>S：一般構造用圧延材（Structure）<br>US：ステンレス（Used Stainless）<br>CM：クロムモリブデン |
| 種類 | 材料の種類番号の数字，または材料の引張強さなどを表す |

### 材料記号の例

| 規格名 | 材料記号 | 規格名 | 材料記号 |
|---|---|---|---|
| 一般構造用圧延鋼材 | SS | クロムモリブデン鋼鋼材 | SCM |
| ステンレス鋼鋳鋼品 | SCS | 配管用炭素鋼鋼管 | SGP |
| 低温高圧用鋳鋼品 | SCPL | 機械構造用炭素鋼鋼材 * | S..C |
| 高温高圧用鋳鋼品 | SCPH | ピアノ線 | SWP |
| 炭素鋼鍛鋼品 | SF | 炭素工具鋼鋼材 | SK |

| ステンレス鋼棒 | SUS-B | ねずみ鋳鉄品 | FC |

＊機械構造用炭素鋼鋼材は例外的に S25C, S45C のように数字がアルファベットにはさまれている。数字は「炭素量×100」の数値。

●非鉄金属材料

　アルミニウム展伸材の材料記号は A と 4 桁（けた）の数字で，伸銅品の材料記号は C と 4 桁の数字で表します。

材料記号の例

| アルミニウム展伸材 | | 伸銅品 | |
|---|---|---|---|
| 名称 | 材料記号 | 名称 | 材料記号 |
| 純アルミニウム | A1... | 無酸素銅 | C10.. |
| Al-Cu 系合金 | A2... | タフピッチ銅 | C11.. |
| Al-Mn 系合金 | A3... | りん脱酸銅 | C12.. |

## 2 溶接記号

　溶接記号は**基線**・**矢**・**溶接部記号**で構成され，特別な指示をするときは**尾**をつけます。

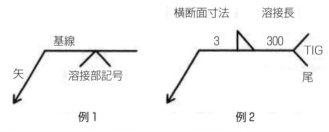

例 1　　　　　例 2

| 基線 | 通常水平線とし，一端に矢をつける。記号や寸法などは，溶接する側が矢の側か手前側のときは基線の下側に，矢の反対側か向こう側のときは基線の上側に記入する |
|---|---|
| 矢 | 溶接部を示す。基線に対してなるべく 60°の直線とする |
| 溶接部記号 | 基本記号や補助記号などがある。基本記号は溶接部の形状を表し，次のようなものがある<br>V 形 ＼／　　I 形 ‖　　すみ肉 ◺ |

## 3 油圧・空気圧用図記号

| 油タンク | 油タンク<br>（局所表示） | 空気タンク | 油圧ポンプ | 空気圧モータ |
|---|---|---|---|---|
| | | | | |

| リリーフ弁 | 減圧弁 | 逆止め弁 | 絞り弁 | 速度制御弁 |
|---|---|---|---|---|
| | | | | |

| 2ポート弁 | シリンダ | フィルタ | ドレン<br>セパレータ | エアドライヤ |
|---|---|---|---|---|
| | | | | |

| ルブリケータ | 圧力計 | 止め弁 | アキュム<br>レータ | 電動機 |
|---|---|---|---|---|
| | | | | |

| 油圧動力源 | 空気圧動力源 |
|---|---|
| | |

## 4 電気用図記号

代表的な電気用図記号に次のものがあります。

| メーク接点<br>（a 接点） | ブレーク接点<br>（b 接点） | 手動操作スイッチ | 押しボタン<br>スイッチ |
|:---:|:---:|:---:|:---:|
| 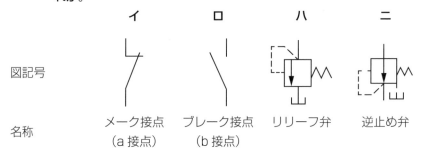 | | | |

---

## 実戦問題

**問題 1** 材料記号と規格名の組合せのうち，適切でないものはどれか。

| | 材料記号 | 規格名 |
|:---:|:---:|:---:|
| イ | FC | ねずみ鋳鉄品 |
| ロ | SCS | ステンレス鋼鋳鋼品 |
| ハ | SF | 炭素鋼鍛鋼品 |
| ニ | SCPL | 高温高圧用鋳鋼品 |

**問題 2** 電気用や油圧用の図記号とその名称の組合せのうち，適切なものはどれか。

|  | イ | ロ | ハ | ニ |
|:---:|:---:|:---:|:---:|:---:|
| 図記号 | | | | |
| 名称 | メーク接点<br>（a 接点） | ブレーク接点<br>（b 接点） | リリーフ弁 | 逆止め弁 |

---

### 実戦問題 解説

**問題 1**

ニ 高温高圧用鋳鋼品の記号は SCPH です。

**問題 2**

イ 図記号はブレーク接点（b 接点）を示します。

ロ 図記号はメーク接点（a 接点）を示します。

ニ 図記号は減圧弁を示します。

# 索 引

230

## 編著者紹介

## ウィン研究所

工学・技術・環境系の資格試験の研究のために結成された専門家集団。

---

※法改正・正誤などの情報は，当社ウェブサイトで公開しております。
　http://www.kobunsha.org/
※本書の内容に関して，万一ご不審な点や誤り，記載漏れなどお気付きの点がありましたら，郵送・FAX・Eメールのいずれかの方法で当社編集部宛に，書籍名・お名前・ご住所・お電話番号を明記し，お問い合わせください。なお，お電話によるお問い合わせはお受けしておりません。
　郵送　〒546－0012　大阪府大阪市東住吉区中野2－1－27
　FAX　(06) 6702－4732
　Eメール　henshu2@kobunsha.org
※本書の内容に関して運用した結果の影響については，責任を負いかねる場合がございます。本書の内容に関するお問い合わせは，試験日の10日前必着とさせていただきます。

---

# よくわかる！2級機械保全 合格テキスト 機械系 学科

| 編 著 者 | ウィン研究所 |
| --- | --- |
| 印刷・製本 | 亜細亜印刷㈱ |

| 発 行 所 | 株式会社 弘文社 | 〒546-0012 大阪市東住吉区中野2丁目1番27号<br>TEL　(06)6797－7441<br>FAX　(06)6702－4732<br>振替口座 00940－2－43630<br>東住吉郵便局私書箱1号 |
| --- | --- | --- |
| 代 表 者 | 岡﨑　靖 | |

落丁・乱丁本はお取り替えいたします。